ディープ
ラーニング

やさしく
知りたい
先端科学
シリーズ2

谷田部卓

創元社

ようこそ

近頃、「ディープラーニング（深層学習）、機械学習」という言葉を身の回りでよく耳にするようになりました。「ディープラーニング」は人工知能、AIの急速な進化に寄与していると聞きますが、一体どういうふうに使われているのでしょうか。

たとえプログラミングを知らなくても、「ディープラーニング」のしくみを知ることはできます。「知能とは何か」を問うということは、人間の考え方や視覚、聴覚、言語といった、普段なにげなく使っている感覚と脳の関係を一から考え直すことにほかなりません。

ではさっそく、「ディープラーニング」のしくみと最新の動向を一緒に学んでいきましょう。

「やさしく知りたい先端科学シリーズ」は、現代を生きる私たちの身の回りにある高度な科学や技術、その周囲にある出来事や物事をできるだけ平易な説明とイラストで解説するものです。

知能とは…7

Chapter1 機械学習とは…11

1-1 機械の勉強方法とは　機械学習の原理…13
- 1-1-1 予測するには線形回帰…14
- 1-1-2 判定と認識にはクラス分類…16
- 1-1-3 教師なし分類のクラスタリング…18
- 1-1-4 商品をすすめるレコメンデーション…20
- 1-1-5 機械学習の種類…22
- 1-1-6 過学習とパラメータ調整…24

　　　DL Talk 何でも解決できる万能アルゴリズムは存在しない…26

1-2 機械が言葉を操る方法　自然言語処理…27
- 1-2-1 自然言語処理の原理…28
- 1-2-2 日本語の自然言語処理…32
- 1-2-3 形態素解析とは…34
- 1-2-4 英語の自然言語処理…36

　　　DL Talk 言葉は生き物なのでお世話が必要…38

　　AI Story 天才チューリングの栄光と悲劇…39

Chapter2 ディープラーニングのしくみ…43

2-1 どちらも学習する機械　機械学習とディープラーニング…45
- 2-1-1 機械学習の種類…46
- 2-1-2 機械学習とディープラーニングの違い…48
- 2-1-3 従来の画像認識手法…50
- 2-1-4 ディープラーニングの画像認識手法…52

　　　DL Talk 認識とは分類することと見つけたり…54

2-2 深い学習とは　ディープラーニングの原理…55
- 2-2-1 ディープラーニングの構造…56
- 2-2-2 ディープラーニングの計算…58
- 2-2-3 学習の計算方法…60

　　　DL Talk ディープラーニングは数式ばかり…62

2-3 機械に眼を与えるしくみ　CNNとは…63
- 2-3-1 CNNの原理1…64
- 2-3-2 CNNの原理2…66
- 2-3-3 CNNの原理3…68
- 2-3-4 CNNの過学習と対策…70

　　　DL Talk 眼の獲得で生物もAIも一気に進化…72

2-4 機械に耳を与えるしくみ RNNとは…73
- 2-4-1 RNNの原理…74
- 2-4-2 RNNの問題点とLSTM…76
  - DL Talk RNNは最も古いディープラーニング…78

2-5 機械にも創造力を 画像生成とGAN…79
- 2-5-1 画像生成のしくみ…80
- 2-5-2 GANはニセ札づくりと警察官…82
  - DL Talk お手本があれば絵も描けるAI…86
  - AI Story 人工知能の父ミンスキーの功績とその罪…87

Chapter3 AIアプリケーションの開発方法…91

3-1 AIを使うためには AI技術の活用環境…93
- 3-1-1 機械学習の進化…94
- 3-1-2 AI技術活用の3要素…96
  - DL Talk ビジネスでAIはツールでしかない…98

3-2 AIを導入するには 機械学習の開発…99
- 3-2-1 機械学習の導入方法…100
- 3-2-2 クラウドを選ぶ理由…104
- 3-2-3 クラウドでの機械学習サービス…105
  - DL Talk クラウドMLのメリットとデメリット…106

3-3 AIのつくり方 ディープラーニングの開発…107
- 3-3-1 開発環境とフレームワーク…108
- 3-3-2 フレームワークの種類…110
- 3-3-3 画像認識のためのデータセット…113
- 3-3-4 GPUとFPGA…114
  - DL Talk ディープラーニングを試してみよう…116

3-4 手軽なAI利用法 APIサービス…117
- 3-4-1 APIサービスとは…118
- 3-4-2 主要クラウド企業のAPIサービス…119
- 3-4-3 日本企業のAPIサービス…119
  - DL Talk 手軽なAPIサービスでも注意が必要…120
  - AI Story 格闘するニューラルネットワーク研究者たちの歴史…121

Chapter4 AI技術とビジネス…125

4-1 ビジネス利用の実態とは AI技術の応用と課題…127
　4-1-1 AI技術の応用先…128
　4-1-2 AIビジネスの特徴…130

　　　DL Talk AIビジネスの将来は広がるはず…137

4-2 AIは使えるのか ディープラーニングのビジネス…138
　4-2-1 ディープラーニング・ビジネスの特徴…139

　　　DL Talk 元気な企業だけがAIを使いこなせる…142

4-3 AIは言葉を理解できるか 自然言語処理のビジネス…143
　4-3-1 チャットボット・ビジネス…144
　4-3-2 その他の自然言語処理サービス…145

　　　DL Talk チューリング・テストはもう突破できるか…146

4-4 AIビジネスは成り立つのか AI技術のビジネス課題…147
　4-4-1 機械学習のビジネス課題…148
　4-4-2 AI時代のビジネスの進め方…150

　　　DL Talk 目指せAIエンジニア…152

4-5 AIは人類の敵か味方か AIが与える社会的影響…153
　4-5-1 AIは雇用を奪うか…154

　　　DL Talk 人類の未来はAIが握るのか…155

　AI Story AIの未来とは…156

主要クラウド企業のAPIサービス…160

日本企業のAPIサービス…165

さくいん…170

参考文献…174

知能とは？

知能とは何か？この形而上学での問いを、
古代から人類は考えてきた。
知能とは、どのようなしくみで、
その機能を実現しているのだろうかと。
その答えを見つけられないなら、
つくってみながら考えればよいのではないか。
このような発想から、
人工の知能をつくる研究が始まったのだが……。

愛さん、伴くん「天馬先生、おはようございます。今日からよろしくお願いします」

天馬先生「おはよう、天馬です。今日から人工知能のしくみについて講義をしましょう。
この講座では、俗に人工知能とかAIと呼ばれているシステムの原理と概要を説明しますので、わからないところがあったら、質問してください」

愛さん「天馬先生、『俗に人工知能とか呼ばれている』とおっしゃいましたが、人工知能そのものの授業ではないのですか？」

天馬先生「人工知能などというものは、世の中にはありませんよ」

伴くん「でも、AIを搭載したというロボット掃除機が売られていましたが」

天馬先生「人工知能搭載を謳った商品は確かにありますが、あれはただの宣伝文句にしかすぎません。君たちは、『人工』の『知能』とは、どのようなものと考えていますか？」

天馬先生

伴くん「人工知能って、鉄腕アトムみたいなイメージかな？」

愛さん「まず知能を定義しないと、人工的に知能をつくれないですね」

天馬先生「その通り。では『知能』とは？」

伴くん「物知りだったり、考えたりできたら知能があるように思いますが」

愛さん「今ならGoogleで何でも調べられますが、検索エンジンが知能を持っているとは言いませんよね。それに人が『考えている』かどうかは、他の人にはわからないでしょ」

天馬先生「伴くん、言葉がまったく通じない外国人だと、物知りかどうかわからないし、ましてや考えているかどうかは、外観だけではわからないですよ。それなら外国人には知能がないと思いますか？」

伴くん「いやいや、そうは思いません。しかし話せなくても、その人の行動を見ていればわかるのではないですか？」

愛さん「でも電話みたいに、行動が見えなくても話せばわかるわ。やっぱり相手とコミュニケーションできるかどうかが、知能の判断では重要じゃないの？」

愛さん

天馬先生「同じ議論が昔あり、機械を人間の知能と比べて、区別できなければ知能があると判断しようと考えた。そしてイギリスの数学者アラン・チューリングは、1950年に『チューリング・テスト』というものを考案しています。
これは、コンピューター（A）、人間（B）、判定者（C）がいて、判定者CがAとBにテキストで会話しても、両者の区別ができなければ、機械に知能があると判断しようというものです」

伴くん「それで、チューリング・テストに合格したAIはいるのですか？」

天馬先生「世界的に有名なチューリング・テストのコンテストに『ローブナー賞』があります。1990年から毎年開催されていますが、ここで優勝した、つまり人間と区別ができなかったチャットボットは、まだいません。
もっともこのコンテスト参加者が、現時点で最高レベルのAIというわけでもありませんが、実際にはApple社のSiriとの会話に不自然さは少ないですね。それに『知識の量』なら、インターネットに常時アクセスできるSiriはすでに人間を凌駕していますよ。それでは、講義を始めましょう」

伴くん

Chapter

機械学習とは

機械は、人間には不可能な膨大な量の演算をこなし、
チェスや将棋、そして
囲碁の世界チャンピオンをも打ち破ってきた。
しかし、機械は4歳児ができる、親を見分けたり、
鉛筆で絵を書いたり、部屋の中を走り回ったり、
会話をしようとすると、深刻な工学的難問に直面する。

機械の勉強方法とは

機械学習の原理

伴くん「先生、機械学習という言葉を最近よく耳にしますが、この技術は現実にどんな役に立っていますか？」

天馬先生「身近な例では、スマートフォンやPCで日本語を入力するとき、かな漢字変換をしたり単語を予測するときに用いられています。また商品の販売予測などにも利用されています。それでは、どのように予測しているのか、その原理を説明しましょう。**機械学習**（Machine Learning）とは、人工知能を研究していく際に、機械にも人間のような学習能力を持たせようと考えられたものです」

1-1-1 予測するには線形回帰

それでは、まず機械学習の基本的な原理を、単純化して説明しましょう。**機械学習の基本は統計学にあり、その出力データはすべて確率で表現される**と考えると、理解しやすいと思います。

機械学習にも、**「教師あり学習」「教師なし学習」「強化学習」**があります。最初は、「教師あり学習」でシンプルな**「回帰（Regression）」**からです。回帰とは、過去の実績データを学習させて、未知の数値を予測させる、統計学で古くから用いられている手法です。

たとえば、商店がチラシを配布して、ある商品を販売しようとしています。この商品の在庫を全部売るには、チラシをどのくらい配布すればよいでしょうか。その商品が何個売れるかは、チラシの配布数、販売日の曜日、その日の天候などによって、変動することが推測されます。つまり商品の販売数に影響を与える「因子」は多数あるので、【1-1-1a】のような近似式になります。

1-1-1a 配布チラシの枚数と商品販売数の関係

これを単純化して、「チラシの枚数」だけにし、チラシ枚数と商品販売数の実績値をプロットしてみましょう。この場合、だいたいチラシが多いほど販売数が増えるような傾向があったと仮定します。これを実績値と誤差が最小になるような直線を引いたのが、【1-1-1b】のグラフとなります。

この直線式が得られたら、【1-1-1b】のグラフのように、チラシ枚数 x を入力すると、販売予想数 y が求められるようになります。これが最も単純な**「単回帰分析」**です。この数式の右辺に複数の変数があると、**「重回帰分析」**になります。

機械学習で、アルゴリズムとはこの数式のことです。そして実績値、つまり入力データとその結果のことを、**教師データ**と呼びます。この教師データを学習することで、この式の傾き w や切片 c が自動的に決まり、機械学習は予測できるようになります。

1-1-1b 単回帰分析・重回帰分析

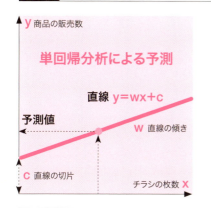

重回帰分析

$$y = w_1 x_1 + w_2 x_2 \cdots + w_m x_m + c$$

- y：商品の販売予想数
- x_1：配布チラシの枚数
- x_2：予測日は日曜日か
- x_3：予測日の天気予報は晴れか

1-1-2 判定と認識にはクラス分類

クラス分類（Classification）とは、与えられたデータを適切なクラスに分類する、教師ありの機械学習です。人の写真を男と女の2種類に分ける場合は、**2クラス分類**とか二項分類と呼び、一人、二人、三人以上のように複数に分類する場合には、**多クラス分類**と呼んでいます。

【1-1-2a】は、ゴルフコンペが開催されるかしないかを予測する決定木のアルゴリズムの例です。この場合、開催するかしないなので2クラス分類となります。ここでの**決定木**とは、木構造でクラス分類を行うシンプルなアルゴリズムです。この特徴は、分類モデルを視覚的に理解できることにあり、学習速度は速いですが、一般的には精度があまりよくありません。

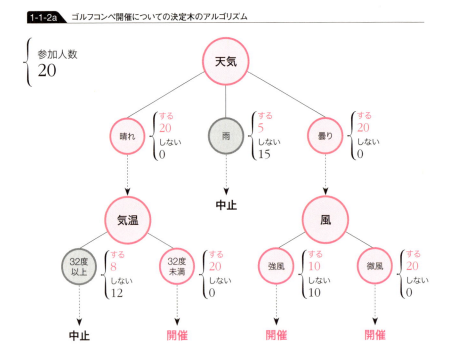

1-1-2a　ゴルフコンペ開催についての決定木のアルゴリズム

【1-1-2b】の**ロジスティック回帰**は、過去のデータをもとに、あるクラスに該当する確率を予測するアルゴリズムとなります。予測した確率に対して、**閾値**を設定し、それ以上か未満かでクラスを割り当てる、統計分類では一般的な手法です。

この例題にある迷惑メール判定では、使われた文章の特徴が過去の迷惑メールの特徴に近いかを計算して、迷惑メールか普通のメールかの2種類に分けるので、2クラス分類となります。迷惑メールの判定閾値を上げると、誤判定は減るが判定漏れが増えるトレードオフの関係にあります。このロジスティック回帰の判別式をクラスごとに用意すると、多クラス分類が可能となります。「回帰」という言葉は、予測でもありました、【1-1-1b】で説明したように、変数xが決まれば変数yも決まる関係のことです。【1-1-2b】のロジスティック回帰では、線形回帰のようにyの値を予測するのではなく、発生確率を予測します。メール判定のように、数値ではなく文章同士の特徴が近いことを計算することは、文章同士のユークリッド距離を計算すればできます。ここは後ほど、説明します。

1-1-2b 迷惑メール判定のロジスティック回帰モデル

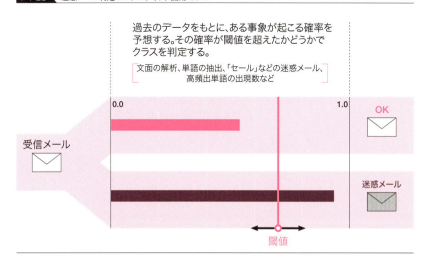

1-1-3 教師なし分類のクラスタリング

教師データが必要なクラス分類とは異なり、教師データがなくても分類ができるのが**クラスタリング（Clustering）**です。どのように分類したらよいかわからない場合に、クラスタリングを用います。

クラスタリングとは、与えられたデータの値の類似性をもとに、自動的にグループに分ける教師なしの機械学習です。クラス分類は分類方法が決まっており、あらかじめ教師データがつくれるので学習することができます。しかし、どのように分類したらよいか不明の場合に、このクラスタリングを用います。アルゴリズムとしては**k-means法**が有名です。

たとえば【1-1-3a】のグラフは、学校の生徒たちの体重と身長の関係をプロットしたものです。この場合大雑把ですが、身長が高くても体重の少ない「やせ型」、逆の「肥満型」、中間の「標準型」に分かれます。このようにデータ同士が近くに集まって集団を形成すること、すなわち各変数間の距離が小さいデータ同士をグループにまとめることを、**クラスタリング**と呼びます。

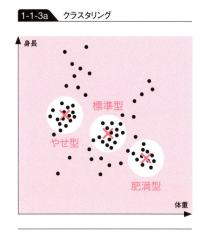

1-1-3a　クラスタリング

この変数間の距離とは、【1-1-3b】のグラフのようにデータAとデータBの距離、これを**ユークリッド距離**と呼びますが、「三平方の定理」で計算ができます。変数が増えるとグラフ化することはできませんが、変数が100個でも同様な計算で可能となります。

このように、データとデータの距離が小さいほど類似度が高いとします。データの類似度を測る方法には、このユークリッド距離以外にも、データとデータのベ

1-1-3b　ユークリッド距離

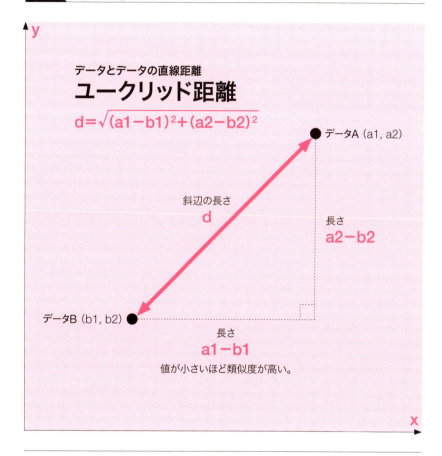

データとデータの直線距離
ユークリッド距離
$$d=\sqrt{(a1-b1)^2+(a2-b2)^2}$$

値が小さいほど類似度が高い。

クトルの向きの近さ（角度）で評価する方法（**コサイン類似度**）も、よく使われます。ユークリッド距離を用いて、数値データのみならず文章もベクトル化することができれば、計算は可能となります。この話は 1-2 の「自然言語処理」の節で説明します。

1-1-4 商品をすすめるレコメンデーション

次は、**レコメンデーション（Recommendation）**です。Amazonのような ECサイトで買い物をすると、類似の商品をおすすめするしくみです。レコメンデーションとは、ECサイトなどで利用者が興味を持ちそうな商品を推測し、利用者に対して推薦するしくみです。おすすめ商品を推測する方法としては、まずECサイト上で利用者が投稿したレビューの点数、行動履歴、商品購入の有無などから、その利用者にスコアを付けます。そのスコアから利用者の嗜好を分析して、おすすめ商品を推測するのが、レコメンデーションの中でも**協調フィルタリング（Collaborative Filtering）**というアルゴリズムです。

利用者がハイスコアを与えた商品と類似した商品を推薦するのが、**アイテムベースレコメンデーション（Item Based Recommendation）**です【1-1-4a】。もしくは、対象者と似た嗜好の利用者を複数選び出して、その利用者の多くがハ

1-1-4a 協調フィルタリング：アイテムベースレコメンデーション

対象となる利用者が高い評点を与えた商品と類似した商品を探しておすすめの候補とする。

スコア
（評点の予測値）

イスコアを付けた商品の中で、対象者がまだ購入していない商品を推薦するアルゴリズムを、**ユーザーベースレコメンデーション**(User Based Recommendation) と呼びます【1-1-4b】。

新商品の場合には、スコアがないため推薦されない恐れがありますが、この場合には商品属性が似ている既存の商品のスコアから判断します。スコアがない新規利用者の場合でも、プロフィールが似た既存利用者から情報を代用して、おすすめ商品を推測します。この協調フィルタリングというアルゴリズムは古く、20年ほど前から利用されています。初期の頃はコールドスタート問題といって、新商品や新規ユーザーが追加された場合、推薦ができないという問題がありました。このような様々な問題を改良しながら、今のように実用性の高いアルゴリズムとなったのです。

1-1-4b 協調フィルタリング:ユーザーベースレコメンデーション

対象者と似た利用者を複数探し出し、多くの人が高評価で、対象者が未購入の商品をおすすめする。

スコア
(評点の予測値)

1-1-5 機械学習の種類

まとめとして、代表的な機械学習のアルゴリズムを、用途別にして表にまとめてみました。情報圧縮の説明はありませんが、後で説明するディープラーニングのほうが性能が良く、最近はあまり流行らないので省いています【1-1-5】。

回帰（Regression）

売上予測などのような過去の実績ある数値から、未知の数値を予測する際に用います。単回帰分析、重回帰分析など、統計学で古くから用いられている手法です。

クラス分類（Classification）

迷惑メールの判定などのように、データを適切なクラスに割り当てる手法です。2クラス分類のロジスティック回帰（Logistic Regression）、多クラス分類（Multinomial Classification）、決定木（Decision Tree）などの多様なアルゴリズムがあります。

クラスタリング（Clustering）

値やデータの類似性をもとに、データを自動的にグループ分けする手法です。クラス分類と似ていますが、教師データがなくても分類できる手法です。

情報圧縮・次元圧縮（Dimensionality Reduction）

かつて顔認証では、画像データの特徴的傾向をできる限り残しながら、データ総量を減らす手法としても利用してきましたが、今では顔認証はディープラーニングが代表格となりました。主成分分析は、機械学習において、変数をできるだけ減らしたい場合に利用する定番の手法です。

レコメンデーション（Recommendation）

AmazonなどのECサイトで以前から用いられてきた手法で、購入履歴からユーザーが興味のありそうな商品を推測します。協調フィルタリングが代表格です。

1-1-5 機械学習の用途と手法

用途	説明	代表的手法	教師	利用シーン
回帰 Regression	過去の実績から未知の数値を予測	● 線形回帰 ● ベイズ線形回帰	あり	● 販売予測 ● 株価の変動予測 ● 機器の異常検知
クラス分類 Classification	与えられたデータに適切なクラスを割り当てる	● ロジスティック回帰 ● 決定木 ● Support Vector Machine ● ニューラルネットワーク	あり	● 迷惑メールの判定 ● 手書き文字の認識 ● クレジットカードの不正検知
クラスタリング Clustering	値の類似性をもとにデータをグループ化	● k-means法 ● 混合正規分布モデル	なし	● 顧客の嗜好によるセグメント分類
情報圧縮 Dimensionality Reduction	データの特徴的傾向をできるだけ残しながらデータを簡素化	● 主成分分析 ● 特異値分解	なし	● 顔認証 ● 商品類似性可視化 ● 計算の高速化
レコメンデーション Recommendations	客が興味を持ちそうな商品を推測	● 協調フィルタリング	あり/なし	● ECサイトでの商品のおすすめ

回帰

クラス分類

クラスタリング

レコメンデーション

1-1-6 過学習とパラメータ調整

教師ありの機械学習の場合、その出力精度を向上させる方法は、アルゴリズムの選定と教師データを増やす方法だけではありません。たとえ教師データの量が多くても、その出力に影響を与える因子、つまり適切な変数がなければ意味はありません。また出力に無関係な余分な変数が多いと、出力精度が悪くなります。すなわち、適切な変数を選ぶことが重要です。また過学習といって、教師データに対しては正確な結果を出せても、未知のデータには対応できない現象が生じることがあります。

回帰やクラス分類などの「教師あり学習」の場合、選んだアルゴリズムつまり1-1-1で説明した多項式と教師データから、その多項式の変数のパラメータを、コンピューターが自動的に決定します。【1-1-6】の丸い点は教師データをプロットしたもので、線は教師データをもとに誤差が最小になるように引いた線です。この3つのグラフは、多項式の変数を1個、4個、7個にした場合の例となります。

- 左のグラフでは、変数が1個つまり直線の式なので、実績値と大きな誤差が生じます。
- 中央のグラフは、変数を4個とした場合の多項式で、かなり実績値に近づきました。
- 右のグラフは、変数を7個に増やした場合の多項式ですが、実績値との些細な誤差を無理に消そうとして、データがない箇所では逆に大きな誤差が生じています。

1-1-6　過学習とパラメータ調整

[変数が1個]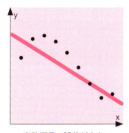
変数不足で誤差が大きい

[変数が4個]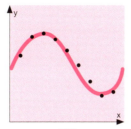
最適

[変数が7個]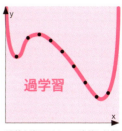
誤差を消そうとして不自然に蛇行

教師データを100%正しく予測できても、未知のデータを正しく予測できるとは限らない。教師データのみ正しく予測でき、母集団のデータを正しく予測できない状態を過学習と呼ぶ。

予測精度を向上させる方法
- 予測に有効な変数を加える
- 予測に不要な変数を除く
- パラメータを調整する
- アルゴリズムを変更する

このように、教師データに合わせ過ぎた状態を「**過学習（Overfitting）**」と呼び、注意が必要です。ただし、教師データの件数が膨大にあれば、このような過学習は解消します。しかし、実際の利用現場では、入手可能な教師データの数は限られている場合が大半です。したがって、その制約条件の中でいかに精度の良い予測モデルを得るのかを、試行錯誤しながら考えなければなりません。

過学習が生じたかどうかは、正解付きの教師データをすべて学習に使わずに、たとえば7対3に分けておきます。教師データの70%で学習させて、残り30%のデータで検証すれば、そこで用いたアルゴリズムとパラメータでの正解率が判明します。このような検証方法をホールドアウト法と呼びますが、このような方法を用いれば精度の良いモデルをつくれます。

DL Talk

> ## 何でも解決できる
> ## 万能アルゴリズムは存在しない

アルゴリズムが色々とありますが、これ一つあれば何でも解決できるような万能アルゴリズムはないのでしょうか？

機械学習の分野では、No Free Lunch 定理という有名な定理があります。これは、どんな問題やどんなデータに対しても最高の精度を出せる万能なアルゴリズムは存在しないという定理です。機械学習には、長い研究の歴史があります。そのなかで、用途ごとに様々なアルゴリズムが考えられ、少しずつ改良されて精度が向上してきました。ですからここに記載したアルゴリズム以外にも、数多くの手法があります。

では実際に私たちが利用するときは、どのようにしてアルゴリズムを選ぶのですか？

今までは知識と経験の豊富なデータサイエンティストが、長期間かけて課題を詳細に解析して、アルゴリズムを選んできました。しかし、ここも後で具体的に説明しますが、解決したい問題の構造が不明の場合には、得られたデータに対して様々なアルゴリズムで実際に試し、その結果から選定するしかありません。

機械が言葉を操る方法

自然言語処理

愛さん「先生、自然言語とは、面白い言い方ですね。先ほど機械学習の原理で質問しましたように、数値データしか扱えないコンピューターが、どのようにして人の言葉を処理しているのでしょうか？」

天馬先生「自然言語とは、人々が日常的に使っている日本語や英語などの言語のことです。コンピューターで使用するＣ言語やJavaなどのプログラミング言語と区別するために、このような呼び方をしています。
それではコンピューターが、自然言語をどのように処理しているのか、その原理から説明しましょう」

1-2-1 自然言語処理の原理

自然言語は、人間の長い歴史の中で自然に発達してきました。そのためプログラミング言語と比べると、曖昧性が非常に高く、**自然言語処理（Natural Language Processing）** という特別な処理を行う必要があります。

コンピューターは、原理的に数値しか扱うことができません。アルファベットや漢字などの文字を扱う際には、一般的にUnicodeのような数字セットである文字コードを、1文字単位に割り当てています。しかし、「単語」ごとにコードを割り当てるとなると、その数は膨れ上がるために巨大な辞書となってしまいます。さらに単語を組み合わせた「文章」となると、ほとんど無限の組み合わせになるため、コードを割り当てることは非現実的です。

それでは文章Aと文章Bを比較して、この二つの文章が似ているかどうかを調べるにはどうすればよいでしょうか。このため考え出されたのが、単語や文章の**特徴量**です。この特徴量を数値化することで、文章を数値で扱えるようになり、文章同士を比較したり、文章のデータ量を大幅に圧縮することができるようになったのです。

単語や文章の特徴量としては、英語の場合では【1-2-1a】にあるような**N-gram処理**や**TF-IDF処理**が一般的です。どの文章でも使われているような単語は重要でなく、対象となる文章内では高頻度の単語が特徴的である、というのが基本的な考え方になります。TF-IDF処理は、日本語の文章同士の類似度を測る際にも用いられるので、簡単に説明します。

1-2-1a 自然言語の処理

1 単語や文章を数値で表現する方法とは？

もしすべての単語にコードを割り当てると、数百万項目の辞書が必要となる。さらに文章となると、その組み合わせ数は膨大になるので非現実的。

```
Natural    ▶▶▶ 0001
Language   ▶▶▶ 0002
processing ▶▶▶ 0003
```

2 では、どのように数値化するのか？

単語や文章の特徴量だけを数値化することで、データ量を大幅に圧縮させる。この場合、同一文章中の他の単語とは区別できるが、非可逆圧縮なので、特徴量の数値からもとの単語は再現できない。

3 単語や文章の特徴量とは？

N-gram処理　　隣り合って出現したN単語の出現頻度

this is a pen　▶▶▶　this-is, is-a, a-pen （2-gram）　▶▶▶　(1,1,1)

※単語の意味を無視して文章を分割し、表現の出現頻度パターンを得て統計処理をする。

TF-IDF処理　　文章中の単語の出現頻度

TF-IDF＝(文書中の単語Aの出現頻度)×log(文書総数÷単語Aのある文書数)

※複数の文書で横断的に使用している単語は重要でなく、対象文章内では頻度が高い単語が特徴的である、という考え方。

文章1「ボアという大きなヘビは、匂いに敏感で獲物を噛まずに丸のみします」
文章2「これはボアが一匹のネズミと一匹のウサギを、丸のみにした絵です」
文章3「ボアは、ネズミの匂いとネコの匂いとイヌの匂いをかぎ分けます」

TF（Term Frequency）処理とは、「より多く出現する単語は、より重要である」という直観を、数値で表現したものです。具体的には、n回出現した単語は1回しか出現しない単語よりも、$\log_{10}(n)$ +1 倍重要とします。つまり2回出現した場合は1.3となり、3回出現した場合には、約1.5となります。したがって、文章3には「匂い」が3回出現しているので、1回しかない文章1と比べて、「匂い」という単語が約1.5倍特徴的と言えます。

IDF（Inverse Document Frequency）処理とは、「ある単語に対して、その単語が出現する文章の数が少ないほど、より大きな重みを与える」ことです。これは文章1～3の文章集合全体に「ボア」という単語が含まれているため、「ボア」という単語で文章を特定することができません。「ネズミ」も文章2と文章3に出現します。しかし「ヘビ」は文章1だけ、「ウサギ」は文章2だけに登場するので、文章特定力が高いと言えます。

この、特定の単語に対して、その単語の出現する文章の数をdf、文章集合全体の文章の数をNとすると、IDFは $\log_{10}(N/df)$ という式で計算します。

この例では、文章集合（N=3）では「ボア」という単語は三つの文章に出現するのでIDF=0、二つの文章に出現する「ネズミ」はIDF=0.18、一つの文章にしか出現しない「ヘビ」「ウサギ」「ネコ」「イヌ」などはIDF=0.48となります。

このようにして、文章の中に含まれる全部の単語のTFとIDFの値を算出し、その数値セットで文章を表現します。これが文章の特徴であり、**文章ベクトル**と呼びます【1-2-1b】。

先ほどの例題文には助詞や句読点があります。また日本語の文章は、それだけで意味をあらわすことができる**自立語**と、自立語と一緒に使う単語で、それだけでは意味のわからない**付属語**で構成されています。文章をベクトル化するためには、あらかじめ文章を単語単位で分割し、文章に入っている付属語を取り除く前処理を行うことで文章の特徴が明確になり、ベクトル化できます。

1-2-1b　文章にもベクトル（方向）がある

1-2-2 日本語の自然言語処理

日本語の自然言語処理は、日本語入力ソフト（IME とも呼ばれる）の**かな漢字変換**と共に発達してきました。日本語は、中国語と並んで世界で最も入力が困難な言語です。この言語をできるだけ簡単に入力しようとして、日本語の研究が進んだのです。現代の日常生活には欠かせない**検索エンジン**は、日本語の自然言語処理の成果によって、利用することができるようになりました。最近、性能が著しく向上した**機械翻訳**ですが、翻訳精度を地道に向上させることで、自然言語処理が発達してきたとも言えます【1-2-2】。

日本語をコンピューターで処理するためには、まず国語辞典や文法の知識、一般常識などをデータベース化しておく必要があります。しかし、自然言語は生き物のように変化し、常に新しい言葉、新しい用法も生まれ、一つの言葉が多数の意味を持つこともあり、その意味も変化します。人間も言語情報を完全に処理しているわけではなく、多数の解釈の中から最も**妥当な解釈**を判断していると言われます。その妥当性を、コンピューターに実装することは非常に難しいのです。つまり、自然言語処理の難しさの根本原因は、自然言語が本質的に持ち、多様な解釈を可能とする曖昧さにあると言えます。

日本語は英語のようにスペースで単語が区切られていないため、何らかの自然言語処理をする場合には、まず文章から単語を切り出す必要があります。この処理を**形態素解析**と言います。日本語の文章をベクトル化して比較などをする場合には、形態素解析すれば処理できます。しかし、機械翻訳や要約など、文章の意味を処理する場合には、文章の構造をコンピューターで取り扱える形式にする必要があります。一般的には**係り受け**構造で表現します。そこからさらに、**意味解析、文脈解析**と進みますが、未だに研究段階であり精度の良い確立した手法はありません。詳しくは専門書を参考にしてください。

初期の頃から、言語学者が人手でつくった**ルールベース**の翻訳モデルで研究が進んできました。これが 1990 年代前半から、言語学を用いないで対訳データの確

率と統計にもとづいた**統計的機械翻訳**の研究が活発になりました。これにより英語とフランス語、日本語と韓国語のように、語順の近い**言語対**での翻訳なら人間の翻訳と遜色のない訳文が生成できました。しかし、日本語と英語のように、並べ替えの多い言語対ではルールベースや統計的手法でも、なかなか翻訳精度が上がりませんでした。ところが、ディープラーニングの登場により、従来とは異なる手法が開発され、2016年後半から一気に翻訳精度が向上したのです。

1-2-2　日本語の自然言語処理

1-2-3 形態素解析とは

日本語の自然言語処理をするためには「形態素解析」を行っています。形態素解析を行うには、**MeCab**という OSS※を用いるのが定番です。この形態素解析ソフトウェアは優秀で、しかも誰でも Web サイトからダウンロードして無料で利用ができますので、ぜひ勉強してみてください。

英語圏で開発された優れた技術やサービスを日本語で利用しようとしても、単語区切りにスペースを設定しているため、日本語では正常に動作しません。このような問題を解決するためにも、日本語の自然言語処理において、単語を切り出す**形態素解析**は非常に重要な技術です。

この形態素解析では、単語分割に加えて**品詞付与**などの処理も同時に行います。品詞付与とは、文章中の単語が名詞か動詞かといった品詞に分類する処理です。この品詞情報を用いることで、単語分割処理の精度が高まり、文章中から名詞だけを取り出してキーワードにするようなことができます。

この形態素解析ソフトウェアとして有名なのが、**MeCab**という Web サイトで公開されている高速処理可能なソフトウェアです。【1-2-3】にあるように、日本語の文章を助詞や句読点などの区切り文字で分割し、さらに辞書を利用して分割、品詞や読みまでも付与してくれるほど高性能です。

この MeCab があれば、機械学習で利用可能な英語用の自然言語処理でも、ある程度利用が可能となります。文章の類似度計算程度なら、簡単に利用できるようになります。

※OSS…オープンソースソフトウェア。ソースコードが無償で、改良や再配布を行うことが許可されているソフトウェア。

1-2-3　日本語の前処理（形態素解析）

日本語のように、単語間に英語のような空白文字がない言語の場合、単語と単語の区切りを判定し、文字列を分割する特別な処理が必要となる。この処理を「形態素解析」という。

例）日本語の文章を形態素に分解する
　　日本語／の／文章／を／形態素／に／分解／する
区切り文字（助詞、句読点など）による分割

例）自然言語処理と機械学習の世界
　　自然／言語／処理／と／機械／学習／の／世界
辞書を用いた分割

例）すもももももももものうち
　　すもも／も／もも／も／もも／の／うち
　　名詞　助詞　名詞　助詞　名詞　助詞　名詞
MeCab（形態素解析用OSS）の利用

※CRFアルゴリズムにより解析し単語に分割、品詞の情報も出力してくれる高度なソフト。

機械学習の応用

機械学習（ML）の応用先は、主に「予測」「識別」「実行」の領域に分けられる。

予測
- 数値予測
  - 売上需要予測
  - 与信スコアリング
  - 発症リスク評価
- ニーズ・意図予測
  - 個人レベルの発注予測
  - 関心の自動推定
- マッチング
  - 商品レコメンド
  - 検索連動広告
  - コンテンツマッチ広告

識別
- 情報の判断・仕分け・検索
  - 言語
  - 画像
  - 曲の抽出・検索
- 音声・画像・動画の意味理解
  - 感情把握
  - 医療画像診断
  - 顔認証
- 異常検知・予知
  - 故障検出・予知
  - 潜在顧客の発見など

実行
- 作業の自動化
  - 自動運転車
  - Q&A対応
  - クレーム処理対応
- 表現生成
  - 文章の要約
  - 作成
  - 翻訳・作曲
- 行動の最適化
  - ゲーム攻略
  - 配送経路の最適化

1-2-4 英語の自然言語処理

英語の場合は単語と単語の間にスペースがあるため、簡単に単語を分離できますが、英語には日本語にはない大文字と小文字の区別、動詞の語尾変化など細々としたルールがあるので、これらに対応した前処理が必要になります。英語のような言語は、単語の切り出しが比較的容易だったため、自然言語処理の研究は先行して発達してきました。

【1-2-4】のフロー図は、英語の文章をコンピューターで扱えるようにするための一般的な前処理です。最初に文章をスペースで単語に分割し、括弧やカンマ、ピリオドなどを削除するクリーニング処理をします。さらに大文字を小文字に直し、省略語や派生語の処理、Stop-words と呼ばれる "the" "is" "have" などの、文章の話題とは無関係な単語を削除します。そして前述した **TF-IDF 処理**や **N-gram 処理**で、文章中に出現した単語を確率で表現します。これで文章をベクトル化することができます。このベクトルという数値にすることで、文章同士の類似度を比較したり、意味を抽出したり、機械翻訳することが可能となります。

なお本書では、文章の特徴量を**文章ベクトル**で説明しました。しかし、自然言語処理は未だに発展途上の学問のため、国や研究者によっては、**連想配列**、**Hash Table** や**特徴ハッシュ**など多様な手法を利用している場合があるので、注意が必要です。

1-2-4　機械学習での自然言語処理（英語版）

自然言語のような「非構造化データ」をコンピューターで扱うためには、様々な前処理が必要となる。

前処理
自然言語のような「非構造化データ」をコンピューターで扱うためには、様々な前処理が必要となる。

文章の単語分割
入力: Natural language processing is a field of computer science.
出力: Natural / language / processing / is / a / field / of / computer / science.

クリーニング処理
単語に付着した余計な文字を削除する。
［ 半角括弧 ( )　半角カンマ ,　半角ピリオド . ］

単語の正規化
大文字と小文字をコンピューターは別の文字と判定するので、すべて小文字にする。［ Natural ▶▶▶ natural ］

省略語処理
「Mr.」「Mrs.」「U.S.」「A.M.」のような省略語の場合は、ピリオドを残すように補正処理を行う。

Stemming処理
派生語などを同一の素性とみなす処理。多くの規則がある。
"run" "runs" "ran" "runner"は同じ。
語尾のedを除去する。［ walked ▶▶▶ walk ］　など

Stop-words処理
文書中の "the" "is" "have" "take"など、どんな文章にでも出現し、話題の種類と直接関連を持たないと考えられる語を削除する処理。

単語の確率表現
N-gram処理
文書中の単語や文字が、隣り合って出現した頻度。
TF-IDF処理
文章中に出現した単語の頻度。単語の特徴を数値化。

単語のベクトル化
確率表現された文字列や単語を特徴量として、ベクトル化（配列表現）する処理。「連想配列」「hash table」など、様々な呼び方がある。

DL Talk

言葉は生き物なのでお世話が必要

それほどの高性能なのに、MeCabを誰でも利用できることは素晴らしいですね。でも最新の流行語などには、対応できるのでしょうか？

MeCabを利用するには、辞書を別途用意する必要があります。一般的にはIPA辞書を用いれば大きな問題はないでしょう。しかし言葉は生き物ですから、最新の流行語や珍しい人名などの未知語は登録されていません。この場合は解析に失敗してしまいます。ユーザー登録して対応するしかないのですが、すべての言葉を追加して正しく解析することは、事実上不可能です。これは今でも重要な研究テーマとなっています。

他にはどんな問題がありますか？

言葉のゆらぎという問題もあります。「コンピューター」と「コンピュータ」、「割増」と「割り増し」など、同じ言葉でも異なる表現をすることが日常茶飯事です。このままでは別の言葉として扱われてしまうため、解析上問題になります。このような言葉のゆらぎを吸収して同じ言葉として扱う処理も必要となります。さらに「焼肉定食」を「焼肉」と「定食」に分けるのではなく、一つの単語として扱う複合語処理も必要でしょう。

AI Story

天才チューリングの栄光と悲劇

Alan Mathieson Turing
(1912-1954)

1954年6月7日、アラン・マシスン・チューリング（Alan Mathieson Turing）は、アパートの自室で毒リンゴを持ち死んでいるのを発見された。同性愛の罪で有罪となった後、41歳のことだった。

チューリングは1912年に生まれたが、両親がインドに赴任していたため、イギリスの知人の家に兄とともに預けられた。幼いころから科学と数学の才能を発揮していたチューリングの愛読書は、エドウィン・ブリュースターの『すべての子どもが知っておきたい自然の不思議（Natural Wonders Every Child Should Know）』という本だった。その本には、有名な一節がある。「もちろん体は機械みたいなものだ。ものすごく複雑な機械で、人間の手でつくられたどんな機械よりも、ずっとずっと複雑だ。でもやっぱり機械なんだ」

チューリングはケンブリッジ大学で学び、数学で優秀な成績を修めて卒業した。その後、キングス・カレッジのフェロー（特別研究員）に選ばれ、1936年に「計算可能な数について（On computable numbers, with an application to the Entscheidungsproblem）」という有名な論文を発表する。そこで「万能チューリング・マシン」という非常に重要な概念を打ち出している。これは、1つの機能のために使われる機械を多数つくるのではなく、機械が1本のテープから順番に命令を読みだしていけば、様々なタスクを実行できる。つまり、他のあらゆる機械のモデルとなる万能マシンをつくることができるとしたのだ。多種多様な作業を行うために、エンジニアは多種多様な機械を無限につくる必要はなく、万能マシンをプログラムすればよいのだと。現在のコンピューターの、基本的なアーキテクチャ（設計方法）を確定する理論だった。

第二次世界大戦が始まると、チューリングはドイツ軍のエニグマ式暗号機を解読するためのチームメンバーとして、ブレッチリー・パークで働くようになる。当時、解読不可能と言われたこの暗号は、タイプライター型の機械にその日の設定をして作成し、受信側の機械を同じ設定にすれば、その暗号文のもとの文が出てくるというしくみだった。この設定は天文学的な数の組み合わせがあり、その組み合わせをしらみつぶしに試すには、人手で計算すると何万年もかかってしまう。

チューリングを筆頭に、多くの暗号解読者が解読作業を試みたが、結局は人間の知恵だけでは限界があり、機械の手を借りざるをえないということになった。1941年にチューリングが電気機械式の暗号解読装置を生み出して、エニグマ暗号は解読できるようになる。解読装置は200台以上つくられ、ドイツ海軍のUボートの位置などを正確に把握することができるようになり、情報戦を有利に進めることができた。この成果によりノルマン

ディー上陸作戦は成功し、終戦を大幅に早めることができたとされている。

イギリス政府は、終戦後もエニグマ式暗号機が解読できたことを極秘扱いにする。第二次世界大戦中のチューリングたちの記録を抹消し、ブレッチリー・パークでの彼や彼の同僚の活動についてのあらゆる痕跡は消された。イギリス政府は、ドイツから没収した数千台のエニグマ式暗号機を、旧植民地などに普及させる。そして絶対に破られない暗号機と偽って使用させ、密かにその通信を傍受し各国の内情を把握していた。
イギリス首相チャーチルは、彼らを「金の卵を産んでも決して鳴かないガチョウたち」と称した。関係者たちはみな、その秘密を守り、1974年に一般公開されるまで、イギリス国民は誰もチューリングの偉業を知ることはなかった。

イギリスがエニグマの暗号解読に精力を傾けていたころ、アメリカでは大砲の弾道計算のために、ペンシルバニア大学のムーア校で、モークリーとエッカートを中心に真空管方式の計算機ENIACを開発していた。ENIACは終戦後に完成し、その存在は1946年2月に一般公開され、大きく報道される。イギリス政府が、暗号解読機を軍事機密として一切を隠蔽したこととは対照的だった。

終戦後、チューリングは暗号解読を続けることはしなかった。戦前から考えていた、人間の脳の思考モデルを機械で実現する「電子脳(Electronic Brain)」と呼ばれるマシンの開発を目指したのだ。そして国立物理学研究所で、イギリスで初のプログラム内蔵型コンピューター"ACE"の設計を行う。さらにマンチェスター大学に移ると、初期のコンピューター、Manchester Mark I のソフトウェア開発に従事する。
そして1950年に「計算する機械と知性」という論文で、

著名な「チューリング・テスト」を発表。この論文は次のように始まる。「私は『機械は思考できるか』という問題を検討することを提案する。そのためには、まず『機械』と『思考』という言葉の定義から始めなくてはならない」

1952年、チューリングは警察に逮捕される。罪状は、当時のイギリスでは違法だった同性愛の罪だった。当時の警察は、チューリングがイギリスを救った第二次世界大戦の英雄だったことを知らなかったのだ。チューリングも法廷で、「私は戦争の英雄だ」とは言わず、「事実について争うつもりはありません。しかしその上で無罪を主張します。私の行いが罪であるべきでないからです」と主張した。

しかし、チューリングは有罪となり、同性愛を矯正するためとして、女性ホルモン注射の定期的投与を受け入れる。チューリングは、「胸が膨らみ自分が違う人間になっていく」と手紙で訴えていたが、1954年6月7日に自宅のベッドで死んでいるのを、家政婦によって発見される。ベッドの脇には、かじりかけのリンゴがあり、死因は青酸化合物による自殺と断定された。人工的に人間の脳をつくるというチューリングの夢は、途絶えたのだった。

2009年になると、チューリングの汚名をそそぐために請願活動が行われ、数千名の署名が集まった。それを受けて英国政府は同年、当時のゴードン・ブラウン首相が公式な謝罪を行う。さらに2013年には、エリザベス女王がチューリングに対して正式に恩赦を与えた。なお、Apple社のリンゴのマークは、チューリングのかじったリンゴだという噂がある。真実は定かでないが……。

Chapter

ディープラーニングの
しくみ

認識とは、分類することである。
なぜなら認識するということは、対象となるものを
すでに自分が取得した概念（言葉）に割り当てることだからだ。
生成と認識は対である。なぜなら対象物を認識したなら、
その認識過程を遡ることで、
割り当てた概念（言葉）から対象物を生成できるからだ。

Chapter 2-1 どちらも学習する機械

**機械学習と
ディープラーニング**

伴くん「先生、確認ですが、深層学習とディープラーニングは、同じ意味ですよね」

天馬先生「そうです。機械学習とマシンラーニングと同じ関係です。機械学習は歴史が長いのですでに日本語として定着していますが、深層学習は日本で言葉が定着する前に、ディープラーニングという言葉がマスコミを通じて一般的になってしまいました。多くの研究者たちは、言葉として正確な**ディープニューラルネットワーク(DNN)**も使っています」

2-1-1 機械学習の種類

この分野は、急速に進展した研究分野なので、略語が非常に多く、同じ概念を違う言葉で使う場合も多いので注意が必要です。それではディープラーニングの原理を説明する前に、機械学習とディープラーニングの違いから説明しましょう。

おさらいになりますが、第1章で説明したように、機械学習と言っても様々な種類のアルゴリズムがあります。この分類方法にもいくつかありますが、【2-1-1a】の分類は教師データの有無で分類しており、【2-1-1b】は学習方法で分類しています。

2-1-1a　機械学習の種類：教師データの有無

教師あり学習
正解付きデータから
傾向を学習

教師なし学習
与えられたデータから
傾向を学習

強化学習
過去の報酬から
取るべき行動を判断

- 回帰
- クラス分類
- レコメンデーション
- クラスタリング
- 情報圧縮
- TD学習
- Q学習

TD学習：Temporal Difference Learning。時間的差分学習。
Q学習：Q-learning。いずれも強化学習の手法の一種。

ディープラーニング（深層学習） は、機械学習のアルゴリズムの一つである**ニューラルネットワーク**から発展してきたので、一般的には機械学習の分野に含めています。しかし、統計学の応用である機械学習と、人の脳をモデルとしたニューラルネットワークでは、その原理が大きく異なるので、機械学習に含めないという考え方もあります。

いずれにせよ、ディープラーニングは、機械学習とはその学習方法が異なります。ここは後から説明します。

強化学習とは、試行錯誤をしながら、目的に合った結果を得られると報酬が得られるしくみで、最も多く報酬が得られるように学習していく方法です。最も人工知能らしい学習方法ですが、現時点ではまだまだ研究段階で、ビジネスでの実用例はあまりないと思われます。

2-1-1b　機械学習の種類：学習方法での分類

2-1-2 機械学習とディープラーニングの違い

それでは、ディープラーニングがなぜこれほどまでに注目され、今までのプログラムとどこが違うかについて、比較しながら説明します。【2-1-2】を参考にしてください。

コンピューターにあるデータを処理させる場合には、プログラムが必要です。このプログラムとは、入力されたデータに対して必要な処理を行うための一連の手続きを、人がコンピューター言語で書いたものです。この場合、あらゆるケースを想定して、人はプログラミングする必要があります。もし想定外のデータや手続きがあると、バグとなり出力結果は異常となります。このような従来のソフトウェアを**手続き型プログラム**と呼びます。

次に機械学習はどうでしょう。機械学習では、アルゴリズムと教師データを用意するだけで、人がプログラミングする必要はありません。最初は、特定のアルゴリズム（**学習モデル**）に対して教師データを大量に入力し、その出力結果を評価します。そして期待する結果を出せるようになるまで、パラメータを人がチューニング（**特徴量の抽出**）します。評価結果に満足したら、そのチューニングされたアルゴリズムは、**学習済みモデル**となります。この学習済みモデルは、教師データが本番データに対しても、十分なレンジ（範囲）を確保しているなら、精度の良い出力結果が得られます。

従来からある手続き型プログラムでは、あらゆるケースを想定して設計する必要があります。しかし機械学習では、その役割を教師データに負わせています。機械学習の特徴は、大量のデータ（ビッグデータ）の中から、人が想定できなかったような結果まで導き出せることにあります。

機械学習から進化したディープラーニングでも、教師データを大量に必要としますが、機械学習で必要だったチューニングは、必要ありません。教師データから学習して、自動的に行うことができるのです。この特徴量の自動抽出がディープラーニングの最大の特徴となっています。

2-1-2 手続き型プログラム

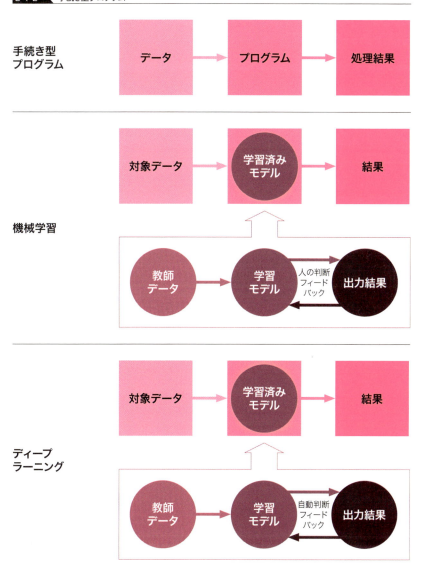

2-1-3 従来の画像認識手法

ディープラーニングの学習モデルを説明するためには、今までの学習モデルと比較すると理解が早いので、従来の画像認識手法から説明します。【2-1-3】を参考にしてください。

画像を認識させるとは、入力された画像を分類してラベルを付与することです。つまり、リンゴの画像を入力して、リンゴに分類できたらリンゴを認識した、とするのです。ディープラーニングが登場するまでは、人が設計した画像の特徴を、入力画像から抽出して分類する手法が一般的でした。

この代表的な画像認識手法である **Bag-of-Features** は、教師ありの機械学習アルゴリズムで、**画像特徴量**を利用します。この画像特徴量とは、隣り合う画素間の輝度値の差が大きい箇所である**画像特徴点**をベクトルで表したものです。

同じ種類の画像は、似たような部分を多く持っているはずです。そこで画像を切り出した部分（パッチ）で、似た部分が多ければ同じ種類と考えます。画像における各々のパッチの特徴点を集約し、ベクトル化したものが**特徴ベクトル**となります。この特徴ベクトルを用いて機械学習させ、**画像識別器**を作成します。

画像認識をさせるには、まず対象画像の特徴ベクトルを抽出します。そして画像識別器で、学習した特徴ベクトルと対象画像の特徴ベクトル間の距離を演算して、最も近いクラスに画像を分類します。

この Bag-of-Features は、画像を分解して局所的特徴を比較することで画像を認識させようとする手法です。自然言語処理で定番の手法 **Bag-of-Words** が名前の由来になっています。しかしこの手法は、画像の輝度差がベースになっているため、輪郭のはっきりした箇所からしか特徴抽出できません。
また位置関係や見え方の角度が変わると、違う画像と認識されてしまう弱点がありました。

2-1-3 従来の画像認識手法

2-1-4 ディープラーニングの画像認識手法

それではディープラーニングでの画像認識は、どのように行われているのでしょうか。人工知能の研究において、生物の脳の神経ネットワークであるニューロンをモデルとした、**ニューラルネットワーク（Neural Network）** が考えられました。この階層が深いものを総称して**ディープラーニング**、または**ディープニューラルネットワーク（DNN）** と呼びます。

このディープラーニングは、現時点において主に画像認識、音声認識、自然言語処理の分野で研究が進められています。

特に画像認識分野では、**CNN（Convolution Neural Network）** が最初に華々しい成果を出しています。

世界的画像認識コンテストであるILSVRCにおいて、2011年のエラー率は最高でも25%程度でした。ところが2012年に登場したCNNは、これを一気に10%以上も改善しました。

このCNNは、それまで一般的だった画像特徴点を使用しておらず、自ら画像の特徴を抽出できることが画期的でした。

しかも対象画像が、多少の移動や回転があったり、サイズが異なっていても認識が可能です。Bag-of-Featuresの弱点を見事に克服できたため、CNNは一躍ブームとなり、ディープラーニングの中では最初に実用化が始まりました。

このCNNは、【2-1-4】のように教師画像を学習するとき、画像の特徴を**特徴マップ**に抽出しますが、その結果と教師画像との差が大きい場合、その差分量を自分で学習モデルにフィードバックします。そして大量の教師画像を入力すると、画像全体の特徴を大雑把にとらえることができるようになります。つまり、画像パターンを認識できることになります。

2-1-4 ディープラーニングを用いた画像認識

生物の脳の神経ネットワークをモデルとしたものが**ニューラルネットワーク**。
その階層が深いものを総称して**ディープラーニング**という。

ディープラーニング（深層学習）

CNN、RNNなどの種類があるが、特徴量の自動抽出とパターン認識が特徴である。

識別処理

DL Talk

認識とは分類することと見つけたり

今まで「画像を認識できた」という言葉を、何も考えないで使っていました。でもその意味としては、「対象画像を分類して名前を付与した」ということなのですね。言われてみたら、確かにそうですね。

認識するという哲学用語を、エンジニアが解釈するとこうなります。人工知能の研究が進んでいくにつれ、人間の思考メカニズムも次第に解明されてきました。人工知能と神経生理学、そして哲学までもが互いに影響し合って研究が進んでいるのです。

それでは他の言葉や概念で、新しい解釈ができるようになったものがありますか？

たとえば、創造力の秘密が、次第に解明されてきています。ディープラーニングの応用で画像生成がすでに可能になっていますが、これは「生成と認識は対になっている」というシンプルな考えから導かれています。つまり、「対象物XをZと認識できるということは、Zの認識過程を遡ることでXに到達できる」と考えるのです。たとえば、リンゴの画像を「リンゴ」と認識できるなら、「リンゴ」という言葉から「リンゴの画像」を生成できるだろうというものです。

深い学習とは

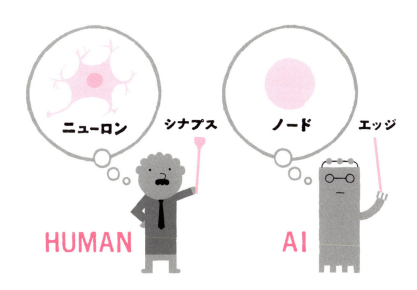

**ディープラーニング
の原理**

伴くん「ディープラーニングは、生物の脳をモデルにしていたのですね」

天馬先生「そうです。機械学習は統計学をベースとしたものでしたが、ディープラーニングはその原理がまったく異なっています。それでは、いよいよディープラーニングの原理を説明しましょう」

2-2-1 ディープラーニングの構造

では、ディープラーニングとは、どのような構造をしているのでしょうか。前述したように、ディープラーニングは生物の脳をモデルとしたニューラルネットワークが原型です。

【2-2-1a】にあるように、脳の神経ネットワークには神経細胞**ニューロン**、隣のニューロンと接合する部分である**シナプス**があります。このニューロンから電気信号が発せられ、一定量以上の信号になると、**シナプス**を経由して連結しているニューロンに信号が伝達されます。このように順々に信号が伝達されることで、脳全体で数百億のネットワークが構成されています。

ニューラルネットワークでは、ニューロンの役割を**ノード**、シナプスの役割を**エッジ**と呼び、ノード間が接続されてネットワークを構成しています【2-2-1b】。

2-2-1a 脳神経ネットワークの構造

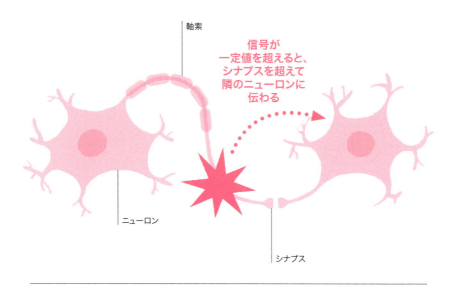

2-2-1b ニューラルネットワークの構造

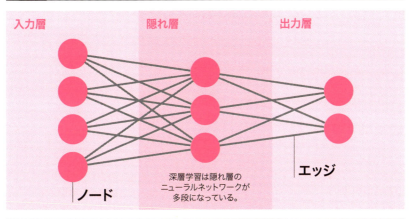

入力層　隠れ層　出力層

ノード

深層学習は隠れ層の
ニューラルネットワークが
多段になっている。

エッジ

そして【2-2-1c】にあるように、ノードの出力はエッジで接続された前のノードの値とエッジの重みである**活性化関数**で計算されます。

2-2-1c ニューラルネットワークの計算

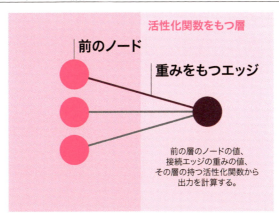

活性化関数をもつ層

前のノード

重みをもつエッジ

前の層のノードの値、
接続エッジの重みの値、
その層の持つ活性化関数から
出力を計算する。

ディープラーニングの計算

ニューラルネットワークの計算方法を、もう少し詳しく説明します。活性化関数の出力は以下のように表します。

$$y = \phi\left(\sum_{i=0}^{n} w_1 x_1\right)$$

出力：y　活性化関数：ϕ　和：$\sum$　重み：w_1　入力：x_1

ノードの出力 y は、前のノードからの出力 x にエッジの重み w を掛けて足し合わせた後に、活性化関数を通して出力します。入力×重みの和が小さければOFF（0）、大きければON（1）です【2-2-2a】。

2-2-2a ニューラルネットワークの計算（詳細）

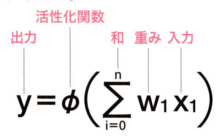

活性化関数とは、入力値がある閾値を超えると急激に大きな値を出力する関数で、**シグモイド関数**や **ReLU（ランプ）関数**を用います。これは脳のシナプスの信号伝達方法をモデル化したものとなっています【2-2-2b】。

2-2-2b　活性化関数：φ

シグモイド関数

$$\phi(x) = \frac{1}{1+\exp^{-x}}$$

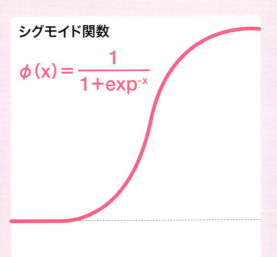

ReLU関数

$$\phi(x) = \max(x, 0)$$

学習の計算方法

次に学習の計算方法です。【2-2-3】は、前述した特徴量の自動抽出の、具体的な学習法を説明しています。

【2-2-3】の、複数の層のあるニューラルネットワークは、**多層パーセプトロン**と呼ばれています。この多層パーセプトロンは、入力データを順に伝達させて出力を得ています。教師データは、入力値と正解である出力値の組なので、ネットワークの出力値と正解値の誤差を、各層に逆に伝達すれば誤差を減らすことができます。この方法が**誤差逆伝播法（バックプロパゲーション）**です。

教師データが入力されて出力 y が算出されたら、教師データの正解 r と比較します。教師データと出力値の差分が誤差です。この誤差 E から、重みの更新量 Δw を計算して 1 つ前の層のエッジに戻します。

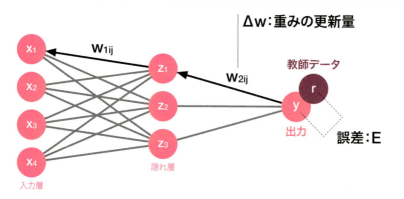

2-2-3　誤差逆伝播法（Back Propagation）

誤差は、できるだけ小さいほうが好ましいので、差分の二乗和が最小になるように重みの最適化を行います。

二乗誤差関数：E　　$E = \sum_{n=1}^{n} \| r_n - y_n \|^2$

そして再度出力 y を計算して誤差 E を求め、重みの更新量 Δw を決定します。

重みの更新量：Δw　　$\Delta w_i = -\eta \dfrac{\partial E}{\partial w_i} = \eta(r-y)y(1-y)x_i$

この誤差の算出と更新量の決定を繰り返して、理想的な重み w に近づけるのです。この計算方法を**勾配降下法**と言います。

この勾配降下法により、多層パーセプトロンは学習効果が高くなりましたが、教師データが大量にあると計算量が膨大になります。そのためこの計算を簡略化する様々な方法が考え出されています。

ミニバッチ学習はその一つで、教師データを全部使わずに、少量のサブセットに分けて更新量を計算する方法です。現在のディープラーニングでは、このミニバッチ学習が主流となっています。

DL Talk

> ディープラーニングは数式ばかり

先生、ディープラーニングは生物の脳がモデルのはずですが、急に難しい数式ばかりになりましたね。

ニューラルネットワークは、コンピューターの創成期から研究されていました。最初のニューラルネットワーク（パーセプトロン）は、生物の脳に似せた電気機械式で制作されていました。それがコンピューターと数学の発達と共に、ニューラルネットワークの数式モデルが考案され、コンピューターでプログラミングができるようになったのです。脳の内部に演算装置はないので、脳はあの数式を解いているわけではありません。あの数式は、あくまで脳のメカニズムを数学的モデルで何とか近似させようとして、複雑な数式になっていったものです。

コンピューターとは計算する機械でしたね。問題がプログラミングできないと、解けませんね。

そうです。これから説明するCNNなどのアルゴリズムでも、高度な数式が用いられています。最新のアルゴリズムは、従来のアルゴリズムからの改良版が大半ですが、正確に理解するにはかなり高度な数学的素養が要求されます。しかし、実用上は概念さえわかれば大丈夫です。

機械に眼を与えるしくみ

CNNとは

愛さん「天馬先生、ニューラルネットワークの研究に、日本人が活躍したという話を聞いたことがありますよ」

天馬先生「1980年にNHKの技術研究所の福島邦彦がネオコグニトロンを発表しています。このネオコグニトロンは、視覚パターン認識に関する階層型神経回路モデルで、実用的なパターン認識システムとして高い能力を持っていました。CNNの原型と言ってもよいほど、優れたものです」

CNNの原理1

それでは CNN（畳み込みニューラルネットワーク）が、どのようにして高い画像認識率を達成できたのかを、まず概念図で説明します。

CNN も、多層パーセプトロンから派生したニューラルネットワークです。CNN はネオコグニトロンをヒントに、人間の視覚野をモデルとしています。【2-3-1】にあるように、入力層、畳み込み層、プーリング層、全結合層、出力層から構成されています。この**畳み込み層**と**プーリング層**は、複数回繰り返して深い層を形成しています。このためディープラーニングと呼ばれています。

画像データは、ピクセルが長方形状に並んでいるデータです。各ピクセルにはモノクロなら1つ、フルカラーなら RGB3つの値（チャンネル）が入っています。したがって画像は、縦横チャンネルの3次元配列で表されます。そして画像には、**局所性**と**平行移動不変性**という特性があります。局所性とは、画像の各ピクセルは近傍のピクセルと強い関係性があるということです。CNN は、この画像の特性を活かしたニューラルネットワークなのです。

畳み込み層とプーリング層は、画像の構造を活用した特殊な層なので、出力も画像のような形式を取ります。まず畳み込み層ですが、入力画像全体に対して小さな矩形のフィルタで畳み込み処理を施し、**特徴マップ**を得ます。

次のプーリング層では、畳み込み層から出力された特徴マップを縮小処理します。この畳み込み処理とプーリング処理を複数回繰り返すことで、次第に画像の特徴量が抽出されていきます。

「2-1-3. 従来の画像認識手法」で説明した、それまでの画像認識手法では、この特徴マップのつくり方を人が設計していました。これを自動で抽出できることは画期的なことです。そして最後に全結合層で2次元の特徴マップを1次元に展開し、出力層で分類してラベルを付与します。

2-3-1 CNN（Convolution Neural Network）

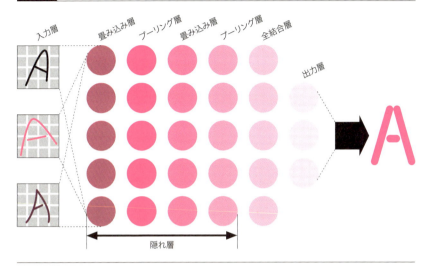

畳み込み処理 画像のフィルタ処理

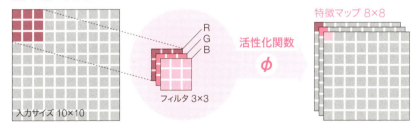

プーリング処理 特徴マップの縮小処理

CNNの原理2

CNNは入力画像が多少移動しても認識できます。これはプーリング処理で実現していますが、具体的には次のような方法で行っています。

【2-3-2】の上の図では、4×4の特徴マップをプーリング処理して2×2に縮小しています。このとき、特徴マップの対象領域の最大値を取得して、新たな特徴マップの値とします。

この処理により、少し画像が変化しても同じ結果となるため、画像変化に強くなります。

このプーリング層における誤差の伝播方法は、【2-3-2】の下側の展開図になります。4×4の特徴マップの赤のユニット n_{11}、n_{12}、n_{15}、n_{16} の4つは、プーリング後の n_{21} と結合しています。青のユニット n_{13}、n_{14}、n_{17}、n_{18} の4つは、n_{22} と結合しています。

このとき、n_{12} と n_{17} が対象ユニットでの最大値だとします。誤差の伝播は、n_{21} と n_{12} の間、n_{22} と n_{17} の間だけで行われます。そのエッジの重みだけが1となり、それ以外は0です。つまり最大値となったところだけに誤差が伝播されます。

2-3-2 プーリング処理

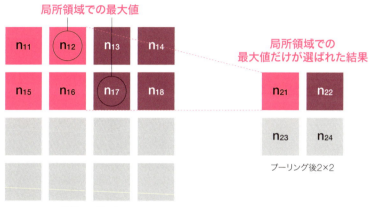

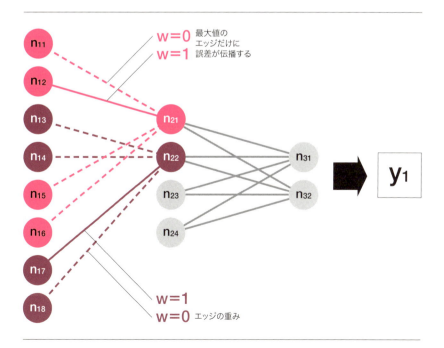

2-3-3 CNNの原理3

畳み込み処理も、もう少し詳しく説明しましょう。前述したように、画像認識とは画像を分類することです。そのためには最初の層で画像の輪郭を検出し、次の層で単純な形状を検出します。さらに深い層で、より高度な特徴を検出するなどの処理を行うことで、画像識別器を作成しています。

では次に、画像の輪郭を検出するフィルタ処理を例に説明します。【2-3-3】は、入力を単純化して白を0、黒を1とした5×5ピクセルの画像としています。これに3×3のエッジ検出フィルタの処理をして3×3の特徴マップを得ます。

まず入力画像をフィルタと同じ3×3（赤枠）で切り出し、各ピクセルと対応するフィルタの値と乗じ、その合計値を活性化関数を通して特徴マップの値とします。次に切り出す枠を右に1ピクセル動かし（点線枠）、同様に演算して特徴マップの値を得ます。さらに右に切り出す枠を1ピクセル動かし（黒枠）、同様に枠をスライドさせながら処理を画像全体に行うことで、3×3の特徴マップを算出します。

この小さな図ではわかりづらいですが、入力画像に対してこのフィルタ処理を施すことで、明度の差が大きな箇所は、特徴マップに大きな値が入ります。たとえば、対象領域が全部黒でも全部白でも結果は0です。しかし、白と黒の境界には大きな値が入ることで、エッジが検出されることになります。

教師データを入力することで、CNNはこのフィルタの値を自動的に学習していきます。

畳み込み処理は、スライドさせながら画像全体を処理するので、画像のどこに分類対象があっても検出することができます。またプーリング処理により、平行移動や回転、サイジングに対しても不変性が保てます。このためCNNは、画像認識において高い性能を発揮できたのです。

2-3-3 畳み込み処理

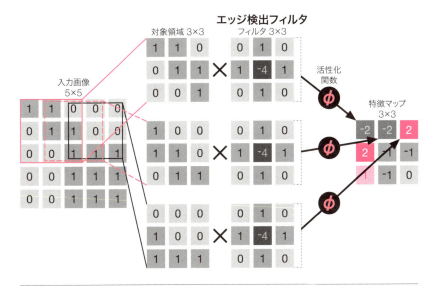

CNNの過学習と対策

機械学習にもありますが、ニューラルネットワークには、**過学習（Overfitting）**というやっかいな現象があります。これは、【2-3-4a】のグラフのように、教師データで訓練すると誤差はどんどん減り、正解率は100%まで達します。しかし、教師データになかった未知のデータでは、右のグラフのように正解率が一定以上になりません。この現象を過学習と呼びます。

2-3-4a 過学習

複雑なモデルであるニューラルネットワークは過学習に陥りやすいのですが、これは過度に教師データに依存した（汎化できていない）状態といえます。原因としては、教師データが足りず、データに偏りがあるためと考えられます。

この対策としては、**ドロップアウト**と**ドロップコネクト**があります。ドロップアウトは、【2-3-4b】のように訓練中に中間層のノード出力を一定の割合でランダムに0にして結合を欠落させることです。

2-3-4b ドロップアウト

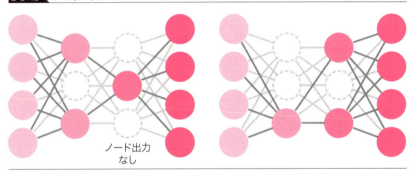

ドロップコネクトは、ランダムにエッジの重みを0にする手法です【2-3-4c】。どちらも汎化性能を上げられる効果的な手法です。比較するとドロップコネクトのほうが汎化性能は高いのですが、乱数の与え方が難しいという課題もあります。

2-3-4c ドロップコネクト

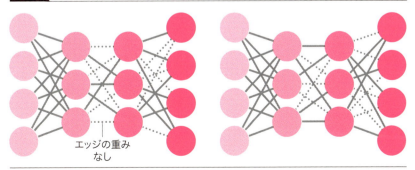

DL Talk

眼の獲得で生物もAIも一気に進化

先生、生物は眼を獲得してから急激に進化したという話を聞きました。

およそ5億4000年前のカンブリア紀に、生物は一気に多様性を獲得し、爆発的に増えました。このカンブリア爆発と言われる急激な進化の原因は、眼の誕生によるもので、眼を獲得した捕食者の登場により弱肉強食が生じて進化が促されたという学説があります。生物の視覚野は、視野に入ってくる大量の動画像を瞬時に見極めるため、動いていても形状が多少変化しても、同一のモノと判断できるように、進化してきたのです。CNNは、その生物の視覚野を真似したのですが、AIも優秀な眼を獲得したことで、一気に進化が進みだしていますね。

それと、過学習という現象は、なんだか試験範囲だけを一夜漬けで丸暗記した学生みたいですね。想定範囲内の質問には答えられても、ちょっとヒネられたりするとダメ、みたいな生徒。

汎化できないという言葉は、まさにその通りで、応用が利かないことです。教師データに偏りがなくなるまで、莫大な量の教師データを与えることが可能なら、過学習は生じませんが、現実的ではありません。

Chapter 2-4 機械に耳を与えるしくみ

RNNとは

愛さん「天馬先生、CNNは生物の視覚野をモデルにしているということは、画像以外の音声処理や自然言語処理に、ディープラーニングは利用できないのでしょうか？」

天馬先生「そんなことはありません。2次元の画像データではなく音声データのような時系列データでも、ニューラルネットワークは扱えます。それでは次に、RNNと呼ばれる多層のニューラルネットワークの説明をしましょう」

2-4-1 RNNの原理

ディープラーニングは、画像認識の分野だけでなく、音声認識の分野でも画期的な性能を発揮しました。CNNが扱う画像データは2次元の矩形データでしたが、音声データは可変長の時系列データです。

この可変長データをニューラルネットワークで扱うため、隠れ層の値を再び隠れ層に入力するというネットワーク構造にしたのが、**RNN（Recurrent Neural Network）** です。

【2-4-1】の下図は、この隠れ層に戻すという操作を、時間軸方向に展開した図です。この図のように、t=0での隠れ層の出力h0は、t=1での隠れ層に入力します。さらにh1は、h2に入力します。このように展開して考えると、隠れ層には、時系列的に過去のデータが入力されていることがわかると思います。

この展開したネットワークを利用して、RNNは誤差逆伝播法で学習できます。ただし誤差の計算方法は、通常のニューラルネットワークとは少し異なります。誤差は、最後の時刻Tから最初の時刻0へ向かって伝播していきます。したがって、時刻tにおける出力Ytの誤差とは、時刻tにおける教師データとの差とt+1から伝播してきた誤差の和となります。

つまりRNNは最後の時刻Tまでのデータがなければ学習ができません。このため長いデータは、常に一定間隔で最新データだけを切り出すなどの操作が必要になります。

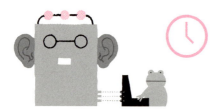

2-4-1 RNN（Recurrent Neural Network）

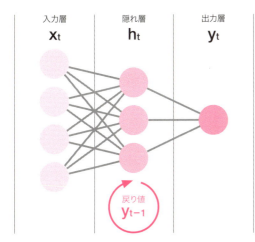

RNNとは、隠れ層に戻り値がある、音声の波形、動画、文章（単語列）などの時系列データを扱うニューラルネットワーク。

RNNを時間方向に展開した図

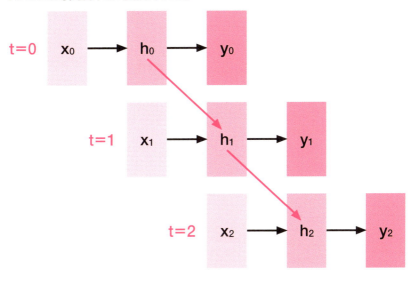

2-4-2 RNNの問題点とLSTM

RNNにより、音声・動画・自然言語などの時系列データが扱えるようになりました。

しかし、RNNの時間軸方向への展開図を見ると気がつくように、このネットワークはCNNでの隠れ層が何層にも多重化されているのと同じで、かなり深いネットワーク構造になっています。このため長時間前のデータを利用しようとすると、誤差が消滅したり演算量が爆発するなどの問題があり、【2-4-2a】に示したように短時間のデータしか処理できませんでした。

この問題を解決したのが、LSTM（Long Short-Term Memory）です。LSTMはRNNの欠点を解消し、長期の時系列データを学習することが

2-4-2a ドロップコネクト

y_2は$x_0 x_1$を関連付けられる

y_nは$x_0 x_1$と無関係
（短期記憶しか持てない）

できる強力なモデルです。発表されたのは1997年とかなり前ですが、ディープラーニングの流行と共に、最近急速に注目され始めたモデルです。

【2-4-2b】は、LSTMの構造を模式化したものです。LSTMは、記憶を保持できるLSTMブロックを隠れ層にしたものです。このLSTMブロックは、何度も拡張されており、今では様々なバージョンが存在しています。

このためかなり複雑な構造をしているので、ここでは詳細な説明は省き、代表的な例で簡単な説明にとどめます。

LSTMブロックの内部構造は、記憶セル・入力ゲート（Input Gate）・入力判断ゲート（Input Modulation Gate）・忘却ゲート（Forget Gate）・出力ゲート（Output Gate）で構成されています。

入力4箇所には、図に示すように入力データと再帰データが各々入ります。入力ゲートには必要な誤差だけ伝播させる機能、出力ゲートは他からの無関係な出力を防ぐ機能があります。忘却ゲートは、記憶セルの内容を初期化する機能です。

この構造により、ネットワーク全体のアーキテクチャーとは独立して、記憶ユニットに読み書き、保持、リセットが可能となり、長期記憶を保持できるようなりました。

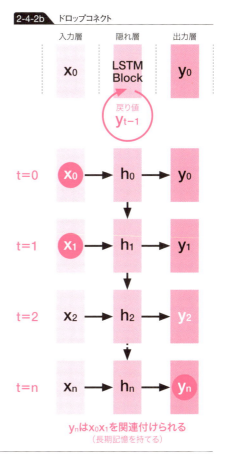

2-4-2b　ドロップコネクト

y_nは$x_0 x_1$を関連付けられる
（長期記憶を持てる）

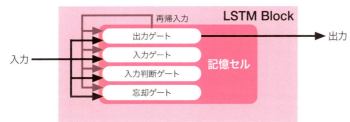

DL Talk

" RNNは最も古い
ディープラーニング "

天馬先生、このRNNは意外に古くからあったようですね。

実は、RNNを改良したLSTMは1995年に登場しています。CNNの登場が2012年ですから、そのはるか前からLSTMは発表されているのです。しかし、この当時から洗練されていたアルゴリズムは、マシンパワーの問題とニューラルネットワークが冬の時代だったこともあり、あまり注目されませんでした。それがディープラーニングのブームによって、再び注目されることとなり、一気にその応用が広がったのです。

このRNNとかLSTMは、音声認識以外にどんな分野で使われていますか？

LSTMには細かなバージョンの違いがあり、開発用のフレームワークによって実装方法が異なるため注意が必要なのですが、時系列データを汎用的に処理することできます。音声認識だけではなく、動画のキャプション付けや自然言語処理、今では機械翻訳にまで、幅広く利用されるようになっています。

機械にも創造力を

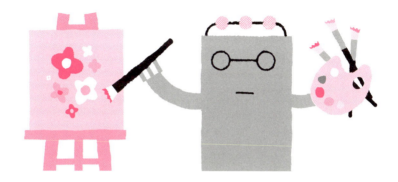

画像生成とGAN

伴くん「最近人工知能が描いたという絵を見ました。不気味な抽象画から、本格的な肖像画までありました。人工知能は、すでに創造力まで持てるようになったのですか？」

天馬先生「無からモノを創造するようなことはできません。現時点で人工知能ができることは、あくまで手本を真似ることだけです。その意味においては、人間の創造力も同じようなものですね。どんな芸術家も最初は模倣から始め、技量が向上してからオリジナリティを発揮しているはずです」

2-5-1 画像生成のしくみ

それでは最新のアルゴリズムが、どのようにして絵を描く、つまり画像を生成しているかを説明しましょう。

画像を認識するとは、この2章の冒頭で説明したように、画像を分類してラベルを付与することでした。

これを模式化すると、【2-5-1】の上のグラフのようなイメージです。1章の機械学習にあったクラス分類と、基本的な考え方は同じです。

2次元のグラフでは上手く表現できませんが、画像Aと画像BをCNNなどで識別できたということは、高次の多項式でどこかに境界線を引けたということになります。

それならば、教師画像である大量の画像Aを学習して識別できたネットワークに対して、画像Aに似た画像データを生成して、学習済みネットワークが画像Aとラベルを付与したら、画像Aと同等の画像が生成できたことになります。

【2-5-1】の下のグラフは、そのイメージです。教師画像Aの分布と同等の分布を持った画像データを、学習によって生成していくような考え方です。したがって、あくまで教師画像つまり手本がなければ、画像は生成できません。

このような画像だけではなく、教師データをもとにして、それと似た新しいデータをつくるモデルを**生成モデル**と呼びます。そしてディープラーニングを用いた生成手法としては、GAN(Generative Adversarial Network)やVAE(Variational AutoEncoder)などがあります。

2-5-1　画像認識と画像生成

画像認識

画像を識別してラベルを付与する

識別するために境界に線を引く

画像生成

教師画像を学習して、似たような画像を生成する

教師データの分布と生成データの分布が一致するように学習していく

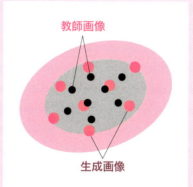

生成モデル
データをもとにして、新しいデータをつくるモデル

教師データを学習し、それらのデータと似たような新しいデータを生成するモデルのことを**生成モデル**と呼ぶ。生成モデルには、GAN（Generative Adversarial Network）や、VAE（Variational AutoEncoder）など、複数のモデルがある。

2-5-2 GANはニセ札づくりと警察官

最新の生成モデルである GAN は、非常に注目を集めている手法で、研究が活発化しています。次々と論文が発表されている状態なので、ここでは基本概念の説明だけにとどめます。詳しくは、公開されている論文を読んでください。

GAN の基本的な考え方はシンプルで、しかもユニークなアイデアなので、最初はたとえ話で説明します。【2-5-2a】のイラストのように、ニセ札づくりの偽造者と警察官の 2 名の登場人物がいるとします。偽造者は、本物の紙幣と似たニセ札をつくります。警察官は、ニセ札を見破ろうとします。

下手なニセ札は簡単に警察官に見破られますが、偽造者の腕が上がって精巧なニセ札になっていくと、警察官もなんとかニセ札を見破ろうと頑張って見分けようとします。

お互いに切磋琢磨していくと、最終的にはニセ札が本物の紙幣と区別がつかなくなるでしょう。

この関係をモデル化したのが、【2-5-2a】の下の図です。GAN は**生成器 G（Generator）**と**識別器 D（Discriminator）**の 2 つのニューラルネットワーク（多層パーセプトロン）で構成されています。生成器が偽造者で、識別器が警察官の役割になります。

2-5-2a　画像認識と画像生成

GAN には、**Generator** と **Discriminator** という2つのネットワークがある。Generator は教師データと同じようなデータを生成しようとする。一方 Discriminator は、データが教師データからきたものか、それとも生成モデルからきたものかを識別しようとする。この関係は、ニセ札づくりと警察の関係にたとえると理解しやすい。

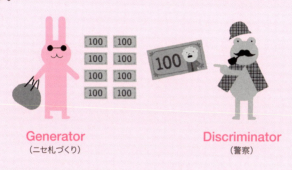

Generator
（ニセ札づくり）

Discriminator
（警察）

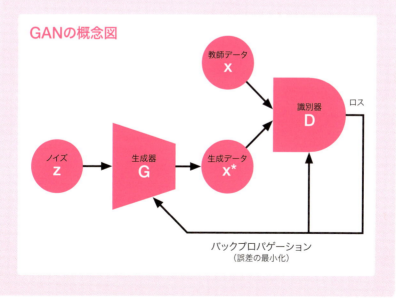

GANの概念図

この場合GANは、DとGを引数に持つ評価関数Vで表現されるミニマックスゲーム（Minimax Game）として定義されます。数式で示すと、以下のようになります。

$$\min_{G} \max_{D} V(D,G) = E_{x \sim p_{data}(x)}[\log D(x)] + E_{z \sim p_z(z)}[\log(1-D(G(z)))]$$

GANは、次のように操作します。学習は、DとGを交互に学習させます。

- 識別器Dを教師データxで学習させます。
- ランダムノイズzを生成器Gに入力して出力画像G（z）を生成し、識別機Dに入力します。
- 識別器Dは、G（z）の真贋判定結果を確率分布D（G（z））で出力します。

Dは学習が進むとD（x）は大きくなります。Dは、入力されたG（z）を偽物と判定すると、D（G（z））は小さくなります。GはDの判定結果を正解にしようとする（1に近づけたい）ので、log（1-D（G（z）））をバックプロパゲーション（誤差の最小化）して学習する、という構造になっています。

【2-5-2b】は、「Goodfellow et al.（2014）」から引用したGANの生成画像です。色枠で囲まれている画像が教師データで、それ以外はGANで生成した画像です。教師データによく似た画像が生成できていることがわかります。

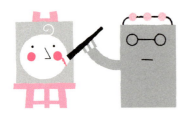

2-5-2b　GANの生成画像

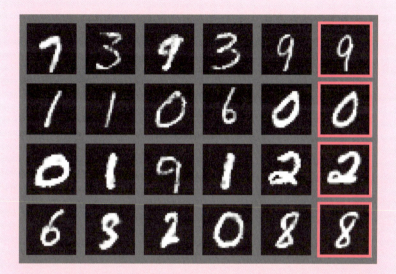

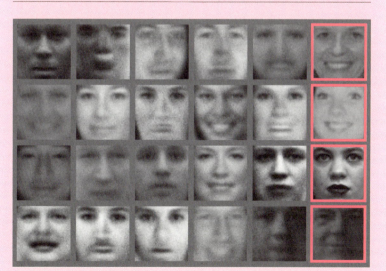

Goodfellow et al. (2014)より引用

DL Talk

お手本があれば絵も描けるAI

先生、AIも絵を描けるようになったという話は本当だったのですね。

先ほども説明しましたが、何もないところから絵を描けるようになったわけではありません。お手本となる絵があって、それに似た絵、つまり画像を生成できるようになったのです。画家が、最初は名画の模写から始めるのと同じですね。

天馬先生、GANのような生成モデルは、どのような方向に進んでいますか？

GANは2014年に発表されたばかりのアルゴリズムです。DCGANは2つのディープラーニングを用いるので、大量の計算資源が使えるようになったため実用化できたと言えます。精度の高い本格的な画像生成は初めてであり、非常に面白いので様々な実験結果が多数発表されています。有名なのは、DCGANによる顔画像の合成です。（メガネ男）－（メガネなし男）＋（メガネ女）→（メガネ女）のような画像同士を演算して、その画像を出力することができています。また低解像度画像から高解像度画像の生成も行われています。

AI Story

人工知能の父
ミンスキーの功績とその罪

Marvin Minsky
(1927-2016)

人工知能研究のパイオニアであるマービン・ミンスキー（Marvin Minsky）は、1927年8月にニューヨークで生まれた。

ミンスキーは子供の頃から独創的な作曲をしていて、本職の音楽家から、天才だからつきっきりで教育させてほしいという申し出があったが、両親は承知しなかった。また電子工学と有機化学の両方に興味を持ち、ラジオや電気装置を組み立てたり、エチル・クロライドを合成したりもしていた。

その後、科学の天才の卵たちを集めたブロンクス科学高校に入学している。この高校の卒業生には、ノーベル賞の受賞者が何人もおり、大きな成果を挙げている。のちにパーセプトロンを発明したフランク・ローゼンブラッ

トも、この科学高校の同級生だった。

終戦後に入学したハーバード大学では物理学専攻だったが、神経学に興味があったため、社会学と心理学のコースを選んでいる。同時に作曲家の講義もたくさん取っていた。ただ即興演奏家だったために、音楽の成績は悪かったそうだ。大学院に進むため、ミンスキーは数学科に転科する。大学院でミンスキーは、大学院生エドモンドと共に、有名な学習する機械をつくっている。この機械は300本の真空管と多数のモーターなどでニューロンを構成し、迷路の目標点までの道を学習するように設計されていた。最初はランダムに迷路を進んだが、やがて正しい選択の回数が増えていき、しかも真空管が故障してニューロンの1つがだめになっても、機械は確実に動いた。この自己組織的神経回路網の研究で、ミンスキーは博士号を取得している。

ミンスキーの同級生、ローゼンブラットも、音楽や天文学、数学や計算機科学に至るまで、あらゆる分野に博識博学の才能に恵まれていた。ミンスキーがダートマス会議を企画していた頃、ローゼンブラットはコーネル大学で実験心理学の博士号を取得し、その在学中はニューラルネットワークの研究に没頭していた。ローゼンブラットは、ニューラルネットワークを「パーセプトロン」と呼び、人間の学習、記憶、認識の効果的モデルとして機能することを、証明しようとしていたのだ。ニューロンモデルをベースにした単層パーセプトロンとは、試行錯誤で学習するニューラルネットワークだ。この当時のコンピューターは処理速度が非常に遅かったため、ローゼンブラットはパーセプトロンを、ソフトウェアではなくハードウェアとして開発した。

1958年にサイエンス誌が、「人間の脳を取り換える？」というセンセーショナルなタイトルでパーセプトロンの記事を掲載して、ローゼンブラットは一躍脚光を浴び

る。1960年にローゼンブラットはアメリカ海軍の研究組織から補助金を受けて、「アルファパーセプトロン・コンピューター」の開発を監督する。このコンピューターは、試行錯誤によって新しいスキルを習得できる先駆的コンピューターとなり、ニューヨークタイムズは「行動しながら学習する海軍の新デバイス」と称賛した。

このパーセプトロンは、言語音の認識や活字の認識といった単純な作業で学習能力があることを実証した。その成果からパーセプトロンは多額の補助金を受け、数多くの研究者がパーセプトロンの開発に従事する。これが人工知能の研究界に軋轢を生んだ。パーセプトロンを厳しく批判したのは、博士課程でニューラルネットワークを研究したものの、そこに限界があると直観していたミンスキーだった。ローゼンブラットはミンスキーを相手に、パーセプトロンは実質何でも学習できると強く主張し、ミンスキーはその逆を主張した。

この膠着状態は10年間続いたが、1969年にミンスキーはシーモア・パパートと共著で『パーセプトロン』を出版して決着がつく。パーセプトロンは、線形分離可能な問題しか学習できないことを、反論の余地がないほど数学的に証明してしまったのだ。世の中の問題の大半は線形分離不可能な問題だったため、パーセプトロンへの研究資金は一夜で消えてしまう。1969年までにパーセプトロンに関する論文は数千も発表されていたが、この一撃でパーセプトロン研究は沈黙してしまい、ニューラルネットワークは10年以上の冬の時代に突入することになった。

ニューロンモデルだけに基づく知能モデルに限界があると考えたミンスキーは、記号処理による意味処理のモデル化を目指す。そして人工知能研究所を中心に、のちに人工知能研究の中核を担うことになる数多くの俊英を育てた。1975年には「フレーム理論」を発表する。これ

は、視覚情報処理においては、画像をボトムアップ的に処理するだけでなく、どんな状況下で対象を見ようとしているか、トップダウン的処理が不可欠だという考え方だ。このフレーム理論は、人工知能システムにおける知識の表現方法として、最も重要な概念となっている。

ミンスキーの根本的な興味は、人間の心の働きと、その心をモデルとした機械をつくることだった。1987年に「心の社会 (The Society of Mind)」を発表し、心の機能は、それ自体では心を持たない多数の「エージェント」のダイナミックなインタラクション（相互作用）から生まれると考えた。そして、この思想を土台としたマルチエージェントモデルと呼ばれる分散計算モデルが生まれ、超並列コンピューター研究ブームの火付け役となっている。

ミンスキーは、2016年1月に88歳で亡くなった。ミンスキーは生前に、著書『パーセプトロン』について、こんなことを言っている。「この本は、あまりにもやりすぎた。初心者がこの分野に手を付けないよう、予想定理はすべて証明し、いかなる問題も残さず、研究する余地を与えないようにしたんだ。だが僕らが提示したのは、パーセプトロンが視覚的に非局所的なものを組み合わせて、理解することができないことだけなんだ。パーセプトロンは、いまだに僕の知っている最もエレガントで単純な学習装置の一つだよ」

Chapter

AIアプリケーションの開発方法

脳をモデルとしたニューラルネットワークは、1950年代から研究されていた。1980年代に考えられた学習アルゴリズムは、現代のディープラーニングのアルゴリズムとほとんど同一である。それが今日になって、急にニューラルネットワークが重要になった最大の理由は、このアルゴリズムが必要とするリソースを、提供できるようになったからである。

AIを使うためには

AI技術の活用環境

伴くん「機械学習やディープラーニングの原理は、概要を理解したつもりです。しかし、実際に利用するには、どうすればよいのですか？」

天馬先生「どんなソフトウェアでも、開発するためには開発環境を用意する必要があります。機械学習は数年前から開発環境が充実しているので、対象となるビッグデータさえ準備できれば、比較的容易に試作開発ができます。しかし、ディープラーニングはまだまだ研究途上のため、アプリケーションソフトを開発することは、簡単ではありません」

3-1-1 機械学習の進化

それでは最初に、機械学習の実用化への流れと、アプリケーション開発の進め方、開発環境を説明しましょう。

機械学習（Machine Learning = ML）の研究は、【3-1-1】のように進んできました。

研究段階
1960年代から始まる機械学習は、理論計算機科学の一分野として長い研究期間があります。そして、大学の研究機関などで様々なアルゴリズムが考え出され、発展してきました。

実用化段階
実績のあるアルゴリズムが、開発用フレームワークでライブラリ化され、Caffe、TorchなどがOSSとして大学などから公開されると、次第に実用化段階に入ります。

クラウドML
2015年になると、実用的な機械学習アルゴリズムが、主たるパブリッククラウドで、続々とライブラリとしてサポートされました。これにより、機械学習は本格的な実用化の段階に突入しました。

3-1-1 機械学習の進化と実用化への流れ

研究段階

アルゴリズム開発

Logistic regression
Support Vector Machine
Decision Forest
Neural Network
Deep Learning

開発・実用化

OSS フレームワーク利用

Weka
MeCab
Jubatus
Caffe
TensorFlow

本格活用

クラウドサービス

IBM Watson
MS AzureML
AmazonML
Google Cloud ML

3-1-2 AI技術活用の3要素

機械学習を実際に利用する場合には、【3-1-2】にあるように**情報科学**、**計算環境**、**ビッグデータ**の3要素が必須です。2014年までは、一般的な企業内にいわゆるビッグデータはあっても、情報科学の知見や必要なライブラリに乏しく、自前での高速計算機環境もありませんでした。このため、機械学習に必要なアルゴリズムのコードを、RやPythonなどを利用して自前で書ける研究部門などでしか、機械学習を利用することができなかったのです。

しかし2015年になり、IBMやMicrosoft、AWSが続々と**クラウドML**（Machine Learning）のサービスを始めると、その様相が一変します。各パブリッククラウドが始めたこのサービスは、アルゴリズムと計算環境がパッケージで提供されたので、データさえあれば従来と比べると、はるかに効率的に機械学習が利用できるようになりました。

後述しますが、機械学習をビジネスで利用するためには、どうしても試行錯誤が必要になります。この試行錯誤のサイクルをいかに短くするかが、ビジネス利用でのポイントです。そのためには、このクラウドMLは非常に有用です。では、このクラウドMLの利用方法を次から説明します。

3-1-2　機械学習の進化と実用化への流れ

特定の用途に機械学習を利用するためには、情報科学（アルゴリズム）、その用途に沿ったビッグデータ、高速CPUなどの計算機環境の3要素が必須である。クラウドMLの登場で、プログラミングをしなくてもMLが利用できるようになった。

DL Talk

> ## ビジネスでAIはツールでしかない

天馬先生、ここでの機械学習の説明には、ディープラーニングも含まれているのでしょうか？

大枠として、この機械学習の説明にディープラーニングは含まれています。ただし、ベンダーによっては、クラウドMLというサービスに、ディープラーニングの開発環境が含まれていない場合もあります。これはディープラーニングにおいて、アプリケーション開発手法のスタンダードが定まっていないためです。

課題によって、機械学習を使うのかディープラーニングを使うのかは、どうやって決めるのでしょうか？

これは難しい問題です。研究職は別ですが、ビジネスにおいて機械学習とかディープラーニングのようなテクノロジーは、あくまで課題を解決するための手段でしかありません。何となくAIのような最新テクノロジーを使ったほうが、簡単に課題解決できるイメージを持っているかもしれませんが、そんなことはありません。まだ技術的に未成熟なディープラーニングは、開発コストが高いために、どうしてもその技術でしか解決できないような課題にだけ適用すべきです。

AIを導入するには

機械学習の開発

伴くん「機械学習のテストをするには、どこのクラウド ML を利用するのが、最も簡単ですか？」

天馬先生「様々なベンダーからクラウド ML のサービスが提供されていますが、2018 年時点で最も手軽に利用でき、しかもアルゴリズムが豊富なのは、Microsoft 社の MS AzureML です。テストまでなら、無料で期間制限がなく使えるのでおすすめです。ただし、各ベンダーともサービスを追加していくので、その時点での最新情報を収集してください」

3-2-1 機械学習の導入方法

機械学習は、ビジネスにおいても非常に有効なツールです。しかし、どんな課題でも解決できるような魔法のアルゴリズムは、未だに見つかっていません。このため対象となるビジネス課題に対して、適切なアルゴリズムを見つけるには、試行錯誤が必要となります。従来は機械学習アルゴリズムを利用するには、毎回RやPythonなどのライブラリを駆使してプログラミングをし、さらにチューニングと評価を行う必要がありました。このため、この試行錯誤に要する時間が非常に長くなり、ビジネスとして機械学習を利用することは、リスクが高かったのです。

これがクラウドML（**クラウドAI**とも呼びます）の登場により、試行錯誤に要する手間と期間が大幅に削減されました。このためビジネスで、機械学習の本格活用が始まったのです。

【3-2-1】のフロー図は、機械学習を実際に利用するための一般的な手順となります。ここでは、MS AzureMLでの例ですが、フロー図としては汎用性があると思います。なお、機械学習はビジネス課題を解決するために用いるのですが、その課題は大きく分類すると予測、識別、実行の3種類になります。これは後述しますが、一般的には予測が多いと思いますので、ここでは回帰アルゴリズムを基本とした予測問題での基本フローです。故障予兆などの識別問題では、最初の段階での仮説設定と検証が非常に重要となります。

3-2-1　機械学習の導入方法

今までMLの実験をするためには、アルゴリズムを検討し、そのコードを書き、実行環境を整えるなどの必要があるため、実験するには膨大な手間がかかっていた。クラウドMLの登場により、実験評価サイクルの大幅短縮とコスト削減が可能となり、MLが一気に普及していくことになった。

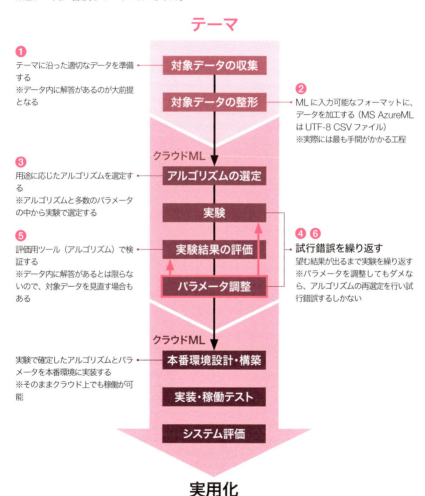

❶対象データの収集

ビジネス課題を解決するために必要なデータを準備します。たとえば来客数予想なら、カレンダーと連動した来客実数、天候情報、広告実績などのデータです。最初はどんなデータが予測に大きな影響を与えるかが不明なので、できる限り多種多様なデータを準備します。データの中に正解（説明変数）がなければ、予測（目的変数）は得られません。

❷対象データの整形

クラウドMLで扱えるフォーマットにデータを変換します。UTF-8のCSVファイルなら一般的には問題ありません。しかし実際に最も手間がかかるのは、データクレンジングと呼ばれる工程です。これは大量にあるデータ内に、データの欠損や異常値が含まれていることがよくあるため、これらの欠損値を補完したり、異常値を取り除くための処理です。クラウドMLには、このデータクレンジングを自動的に行えるライブラリも準備されています。

❸アルゴリズムの選定

アルゴリズムによって、その出力結果は大きく変わります。このためアルゴリズムの選定は重要になります。対象となる課題によって適切なアルゴリズムが異なるのですが、どんな課題にどのアルゴリズムを適用すべきか、その汎用的な理論や手法は現時点で確定していません。ビジネスにおいては結果が重要なので、最も出力結果が良かったアルゴリズムを選定する、という試行錯誤でやることになります。したがってアルゴリズムの種類ができるだけ多いクラウドMLを選ぶべきです。

❹実験

選定したアルゴリズムとデータを用いて実験を行います。クラウドMLならデータ量にもよりますが、計算機リソースが豊富なので、数分から数十分程度で終わります。このためクラウドMLでは短時間で、何度も繰り返し実験が可能となります。

❺ **実験結果の評価**

出力結果は、CSV形式などで出力できるので、その精度を評価してみます。正解付きの教師データを7対3などに分割し、70％で学習させ残り30％で評価する**ホールドアウト法**などを用いる方法が一般的です。この精度の評価に使う指標としては、正解率（Accuracy）、真陽性率（TPR）、偽陽性率（FPR）、ROC曲線、適合率などがあります。

❻ **パラメータ調整**

期待する結果まで到達することは、簡単ではありません。しかし、クラウドMLなら短時間で何度でも実験を繰り返せますので、様々な方法で試してみます。例えば、教師データとして与える変数に追加データを加える、過学習の恐れがあるなら逆に変数を減らす、データの数値を正規化する、各アルゴリズムにあるパラメータを変化させる、そしてアルゴリズムを入れ替えてみる、などがあります。

これらの条件をすべて組み合わせて実験することは、現実的には困難です。しかも一度に複数の変更を加えると、どの変更点が大きな影響を与えたのかわからなくなるので、記録を付けながら地道に一つ一つ変更を加えて、可能な限り出力の精度を上げていくことが肝要です。しかし、いつまでも実用的な精度が得られない場合もよくあります。その場合は、データにそもそも「正解」が入っていなかったり、データが足りなかったり、解決できるアルゴリズムがない可能性もありますので注意が必要です。

3-2-2 クラウドを選ぶ理由

先ほども述べましたが、機械学習を利用する際にクラウドMLを選ぶと、以下のような様々なメリットがあります。

専門家が不要
従来は、AIや機械学習の専門家がいない限り、機械学習をビジネスに利用することは考えられませんでした。しかし、本書を読んで理解するだけで、クラウドMLを利用できるようになります。深い専門知識は不要で、試行錯誤をある程度繰り返して経験を積めば、様々なビジネスシーンに応用することができるようになります。

手軽に始められる
クラウドMLは、インターネットに接続されたPCさえあれば、誰でも手軽に始められます。MS AzureMLならプログラミングの知識は不要です。グラフィカルな画面を操作するだけのサービスが多いので、習得にもそれほど時間はかかりません。

費用が最小限で済む
クラウドMLを利用する際のユーザー登録は通常無料です（期間限定というベンダーもあります）。MS AzureMLのようにテストするだけなら利用料金が無料、というサービスもあります。この場合、実際にビジネス利用するまでは課金されないので、安心して繰り返しテストが行えます。また本稼働での利用料金も、実際の稼働時間で課金されるので、データ待ちなどの待機中に費用は発生しません。非常にコストパフォーマンスが高いと言えます。

ビジネスでの利用が容易になる
クラウドMLは、実際のビジネス現場ですでに多数利用されています。試行錯誤のテストをして、その出力結果に満足できたら、そのアルゴリズムや設定値をそのままビジネスで利用できるので、素早くビジネス展開ができます。

クラウドMLにもデメリットがあります。それはベンダーに縛られてしまうというリスクです。実験レベルなら問題は少ないですが、本格的に利用する場合には、巨大なデータを対象となるクラウド上に用意する必要があります。また別のベンダーのツールやOSSが使いづらいこともあります。

クラウドでの機械学習サービス

MS AzureML
2018年の時点では、MS AzureMLが最も使いやすくアルゴリズムも豊富です。GUI※の操作だけで、様々なフローが組めます。自然言語処理系で日本語は直接扱えませんが、コードがUTF-8ならデータに日本語が混ざっていても問題ありません。

AmazonML
ウィザードで簡単に利用できますが、アルゴリズムが回帰とクラス分類（2クラスと多クラス）しかありません。

IBM Watson
2015年末にサービスを開始したWatsonは、様々なAPI（118ページ）が用意されています。また2016年に入ると日本語APIも利用可能となり、応用範囲が大きく広がりました。しかし、日本語APIの利用料金が非常に高価なのがネックです。

Google CloudML
2016年に入り、Google Cloud Platform Machine Learningの提供を開始しています。ディープラーニングが中心となっており、主に英語の画像系APIとスピーチ系APIを提供しています。2016年7月からは、スペイン語と日本語にも対応した自然言語APIのβ版を発表しました。

※GUI…グラフィカルユーザーインターフェース。
グラフィカルな画面とマウスなどを用いた操作環境。

DL Talk

クラウドMLのメリットとデメリット

クラウドMLの登場で、機械学習が専門家でなくても利用できるようになったことはわかりますが、どこに適用できるかは判断できますか？

機械学習の原理をまったく知らなければ、判断はできませんね。クラウドMLのメリットは、R言語やそのライブラリを熟知していなくても、手軽に試行錯誤しながら機械学習を学べるところです。誰でもコストをかけずに試せるので、機械学習の概要を知ることができれば、ビジネス課題に適用可能か判断できるようになるはずです。

クラウドMLを利用するデメリットはないのでしょうか？

機械学習では大量のデータを用います。このビッグデータが、最初からクラウド上にあれば簡単ですが、アップロードが必要だと苦労するかもしれません。また、自社で主に使っているクラウドではないクラウドMLサービスで実験した場合、そのアルゴリズムやパラメータを、そのまま他の開発環境などに移植できるかが不明です。標準的なライブラリならポータビリティが高いでしょうが、ベンダー独自の特殊なアルゴリズムの場合には、他社の環境下では利用できない可能性もあります。

AIのつくり方

伴くん「機械学習と違ってディープラーニングの場合は、まだまだ研究途上だと先生はおっしゃっていましたね。それではアプリケーション開発はどうするのでしょうか？」

ディープラーニングの開発

天馬先生「ディープラーニングの研究では、フレームワークと呼ばれる開発ツールを利用しています。このフレームワークがないと、ディープラーニングのネットワーク設計に膨大な手間がかかってしまうため、研究者にとって必須のツールと言えます。しかし、深い階層のニューラルネットワークを設計することは、深い専門知識がないと困難です」

3-3-1 開発環境とフレームワーク

ディープラーニングをすぐにビジネスで利用したい場合には、2017年頃から公開が始まったAPIを利用することが、現時点では最も現実的だと思っています。

ディープラーニングの研究や実験を行うためには、多層で複雑なニューラルネットワークの構造を定義しなければなりません。このためには、試行錯誤を何度も繰り返す必要がありますが、この実験サイクルをできるだけ短縮化するには、コードの記述量を減らす必要があります。

フレームワークは、ニューラルネットワークの構造を柔軟に定義でき、勾配計算の自動化や自動最適化をしてくれるので、コードの記述量を大幅に減らせます【3-3-1】。また、GPU※などディープラーニングの実行環境では必須の演算装置のライブラリもサポートしているので、GPUを意識する必要もなくなります。このため現在のディープラーニングの研究では、フレームワークは欠かせないツールとなっています。

※GPU…Graphics Processing Unit。主にリアルタイムの3Dグラフィック画像処理に特化した半導体チップ。

3-3-1 開発環境とフレームワーク

アプリケーション

訓練・評価ループの実装

ネットワーク実装の抽象化

計算グラフ実装

デバイス用、行列用ライブラリ
CUDA、CuPy、NumPy

フレームワークの役割
- Caffe
- TensorFlow
- Chainer
- Torch
- MXNet
- CNTK

他多数

NN用フレームワークは、何十種類も存在している。各フレームワークごとに、パフォーマンスやスケーラビリティなどに特徴があるので、自分のタスクやハードウェア環境などを考慮して選択することになる。

OS
(Ubuntu)

ハードウェア
CPU、GPU/FPGA

フレームワークの種類

ディープラーニングの開発が、現在のような活況になっている大きな要因として、OSSとして公開されている開発ツールが多種多様にあり、充実していることが挙げられます。著名な開発用フレームワークを、【3-3-2】にまとめました。

Caffe
ディープラーニングのフレームワークとして最も著名なのがCaffeです。カリフォルニア大学バークレー校でつくられ管理されています。Linux（Ubuntu）とMac OS Xをサポートし、C++とPythonで開発できます。GPUもサポートしており、学習済みのネットワークが広く公開されているので、学習や評価を簡単に行うことができます。

TensorFlow
Googleが社内で利用していたフレームワークを改良して、OSSとして公開したものがTensorFlowです。ディープラーニングだけでなく画像処理系の関数が豊富で、アルゴリズム実装の自由度が高いことが特徴です。また組み込み機器からPC、さらには大規模分散環境までサポートしています。

Chainer
日本のPreferred Networks社から提供されているのがChainerです。特徴としては、様々なニューラルネットワーク構造を、直観的でわかりやすくPythonのスクリプトとして記述することができます。フレームワークとしては後発なので、GPUはもちろんサポートしており、Caffeなど先行しているフレームワークの課題を解消してあります。

3-3-2 主要なディープラーニング開発ツールの特徴

ツール名	提供者	特徴
Torch	NYU/Facebook（2011）	Luaを採用、NNモジュールが豊富、高速並列処理
Pylearn2	Montreal 大学（2013）	計算手続きを数式で記述、並列演算処理、SVMなどMLも豊富にサポート
Caffe	Berkeley 大学（2013）	学習・評価が容易、学習済みモデルが多数公開、最も著名なツールでコミュニティが盛ん
TensorFlow	Google（2015）	画像処理関数も豊富、大規模分散処理が可能、クラウドサービス「Cloud ML」も発表
Chainer	Preferred Networks（2015・日本）	Pythonで記述、誤差逆伝播を自動実行、様々なNN構造に対応、直観的でわかりやすく記述可能、GUI環境もある
CNTK	Microsoft（2016）	1台のGPUサーバーから大規模分散コンピューティングまでサポート

これ以外にも、ディープラーニング用フレームワークは多数あり、日々増えている状況にあります。またバージョンアップ競争も激しく、機能が頻繁に追加されていますので、利用する場合には最新の情報を取得してください。またフレームワークによって、その使い方や書くべきコードの量が大きく異なるので、ディープラーニングを始める場合には、コミュニティが活発でライブラリが豊富なものを選んだほうがよいと思います。

なお、OSS ではなく日本のグリッド社が提供している ReNom（リノーム）のように、有料のフレームワークもあります。OSS と異なり有料ですが、サポートがあるので製品化する場合には安心して利用ができるという考え方もあります。

画像認識のためのデータセット

ディープラーニング、特に CNN のように画像認識を行う場合には、学習用の画像データは非常に重要となります。学習用の画像データが少なかったり偏りがあると、過学習が起きやすくなり良い成果を得ることができません。ここでは豊富なデータ量があるデータセット ImageNet と MIT Places を紹介します。

ImageNet

ImageNet は、2 万以上のカテゴリで分類された 1500 万画像もあるデータセットです。同じカテゴリでも、撮影された環境・形状・角度などが豊富に用意されています。この ImageNet の画像を対象にした画像認識コンテストが、CNNを世に出した ILSVRC なのです。

MIT Places

この MIT Places も ImageNet と同様に、大量の画像があるデータセットです。ImageNet は動物や植物、食物などの物体が中心になっていますが、Places はキッチンやベッドルームなどの屋内、建物や乗り物などの屋外、風景などの様々なシーンを対象としています。

学習用のサンプル画像を最初から収集しようとすると、莫大な労力が必要となります。限られたサンプル画像しかない場合には、手持ちの画像をもとにして画像のバリエーションを増やす**データ拡張（Data Augmentation）**という手法もあります。

このデータ拡張は、サンプルに対して平行移動、回転、鏡面反転などの変化を加えて新たなサンプルを作成する手法です。これ以外にも、幾何学的変形、濃淡・色調の変動、ランダムノイズの付加などをする場合があります。

3-3-4 GPUとFPGA

ディープラーニングが躍進を遂げた大きな理由として、ハードウェアの進歩があります。ニューラルネットワークが、長い間冬の時代にあったのは、その学習のための計算量が非常に多かったことが、大きな原因にあります。いくら良いアルゴリズムを考えても、それを現実的時間内に計算できなければ、実験することも難しかったからです。

しかし近年、ハードウェアの進化が急速に進み、CPUの処理速度が劇的に向上してきました。さらに**GPU(Graphics Processing Unit)** や**FPGA(Field Programmable Gate Array)** の登場により、ニューラルネットワークよりさらに演算量の多いディープラーニングでも、実用的な時間内で演算ができるようになったのです。

GPUはその名が示す通り、もともとは画像処理に特化したプロセッサです。しかしNVIDIA社は、GPGPU（General Purpose GPU）というグラフィックス処理専用プロセッサであるGPUを、データ指向のコンピューティングに転用するアーキテクチャを開発しました。これがCUDA（Compute Unified Device Architecture）で、GPUを汎用ベクトルプロセッサとして活用するためのハードウェアとソフトウェアの統合環境です。このCUDAの登場を機に、GPUはその高い並列計算能力がディープラーニングに欠かせないハードウェアとなりました。これにより各フレームワークは、GPUをサポートすることが、今では必須要件となっています。

一方のFPGAは、プログラミング可能な半導体です。CPUやGPUと比べて消費電力を大幅に抑えられるという点が、最大の特徴です。GPUはデバイス1個の消費電力が200W以上あるため、電力消費量の増大が課題となっているデータセンターでは、大量に配備しにくいのが実情です。CPUと組み合わせて用いることを踏まえると、1ノードの電力がGPUなしの場合と比べて2～3倍になってしまうからです。これがデバイス1個の消費電力が数十Wの

FPGAであればデータセンターでも大量に利用できるので、Microsoftは積極的に利用を図っています。

参考までに、【3-3-4】の下の表は、メーカーが公開している各デバイスのパフォーマンス資料です。

3-3-4 　GPUとFPGA

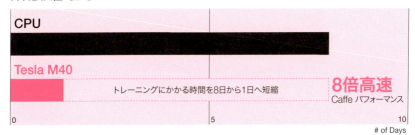

システム	スループット 画像/秒	パワーW	スループット/ ワット(W)
Arria10GX 115K LE @275Mhz	600	31	19.4
Arria10GX 115K LE FP32 @350Mhz	800	37	21.6
Arria10GX 115K LE FP16 @350Mhz	1600	36	44.4
Arria10GX 115K LE,Nallatech510T	3200	75	42.7
GP-GPUでのCaffe	1000	250	4.0
GP-GPUでの専用フレームワーク	3216	227	14.2

DL Talk

" ディープラーニングを試してみよう "

ディープラーニングを勉強しながら、簡単に試せる環境はどうすればできますか？

ディープラーニングは莫大な計算資源を必要としますが、それは学習するときだけです。すでに学習済みのモデルがあれば、市販の安価な RasPi（シングルボードコンピューター）でも動作します。転移学習（Transfer Learning）と呼ばれる手法で、サンプルコードが公開されています。

僕も趣味としてニューラルネットワークのネットワーク構造を学ぼうと思ったのですが、高価な GPU も必要だったのですね。

ネットワーク構造を色々試そうとは、良い心掛けですね。それなら 2017 年の 8 月にソニーが公開した、コーディングの知識がなくてもディープラーニングのプログラムを生成できる開発ツールで、Neural Network Console という OSS もあります。これなら Windows 環境下で動作するので、個人でもなんとか使えるはずです。ただ高性能な PC がないと現実には使えないでしょう。CPU より GPU の性能が問題ですが、フレームワークがサポートしている GPU でないと意味がないので、注意が必要です。

Chapter 3-4 手軽なAI利用法

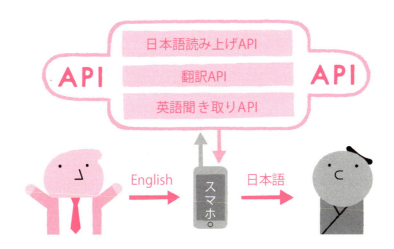

APIサービス

愛さん「天馬先生、最近はニューラルネットワークの構造を設計しなくても、ディープラーニングを利用できるようなサービスがあると聞きましたが」

天馬先生「そうです。2016年後半から、続々とクラウドベンダーを中心にAPIサービスが登場しています。このサービスを利用すれば、ディープラーニングのしくみを知らなくても、手軽にディープラーニングの機能を利用することができるようになりました。そのサービスを、次に紹介しましょう」

3-4-1 APIサービスとは

APIとはApplication Programming Interfaceの略です。このAPIサービスとかWeb APIと呼ばれているものは、インターネット上で公開されているサービスを、外部のアプリケーションからでも利用できるように、プログラムとのインターフェース（API）を用意しているしくみのことです。クラウドベンダーだけではなく、公共機関や様々な企業でも、無料や有料でサービスを提供しています。

機械学習やディープラーニングの機能も、2016年後半から続々とAPIでサービスが提供されています。これらのサービスでは、すでに学習済みのモデルが用意されているので、APIを経由して「画像から文字を読み取る」とか、「画像にタグを付与する」などが簡単にできます。したがって、機械学習のアルゴリズムを理解していなくても、手軽に高度な機能が利用できるようになったのです。

また、ディープラーニングを利用するには膨大な演算が必要となりますが、クラウドベンダーが提供するサービスなら、そんな心配をする必要もありません。
ただしAPIサービスで提供される機能は、汎用的なものだけです。もっときめ細かなサービスや、他者との差別化をしたい場合には、やはりフレームワークを利用して独自に開発するしかありません。

主要クラウド企業のAPIサービス

GoogleやMicrosoftなどの主要クラウドベンダーは、どこもAPIサービスを提供していますが、提供している機能や種類はベンダーによって大きく異なります。2018年3月時点では、本書の最後にまとめてあるAPIが提供されていますが、サービスの提供を停止するAPIもよくあるので、URLを参考にして最新情報を確認してください。

機能としては、画像処理、音声処理、自然言語処理に分類されます。ユーザーは、これらを組み合わせてアプリケーションを開発することになります。なお、アメリカのクラウドベンダーの自然言語処理の機能は英語が基本なので、日本語はサポートされていない場合が多く注意が必要です。逆に、日本語を公式サポートしていなくても、実際には利用できるようなAPIもあります。

日本企業のAPIサービス

機械学習やディープラーニングは、アメリカの大学や研究機関が中心となって発展してきたサービスなので、アメリカのクラウドベンダーが先行してAPIサービスを提供しています。一方で、日本語に関してはどうしても弱いため、日本語の自然言語処理サービスは、ほとんど提供されませんでした。しかし、日本には自然言語処理の研究の長い歴史があるので、NTTドコモやgooなどのNTT系の企業が中心となって自然言語系のAPIサービスが提供されています。日本のベンチャー企業も、ユニークな自然言語処理系サービスを提供していますので、よく調べてみてください。なお、API一覧を本書の最後にまとめてありますので、参考にしてください。

DL Talk

手軽なAPIサービスでも注意が必要

APIサービスは、思った以上に様々な種類のサービスがありますね。上手く組み合わせれば、議事録の自動作成みたいなことも、簡単にできそうに思えます。

ベンダーが公開しているサービス仕様を読むと、音声認識サービスは、マイクからの音声データがあればテキストデータに簡単に変換できるように思えるかもしれません。しかし現実には、音声データの品質に大きな影響を受けるので、会議室の中央に1つだけマイクを置いたような音声データでは、ほとんど認識してくれません

でも今流行りのスマートスピーカーだと、多少うるさい場所でもきちんと認識してくれますよ。

スマートフォンやスマートスピーカーは、複数のマイクを利用したビームフォーミングや雑音抑制技術など、かなり高度な処理をリアルタイムで行っているので、認識率が高いのです。実際にこれらの技術を使いこなすには、やはりノウハウが必要です。なお、ここで紹介したAPIサービスは、主要なものだけです。実際には、これ以外にも多数のAPIサービスがあるので、探してみてください。

AI Story

格闘するニューラルネットワーク研究者たちの歴史

Santiago Ramón y Cajal
(1852-1934)

　ディープラーニングは、生物の脳をモデルとしたニューラルネットワークが起源となっている。このニューラルネットワークには、大勢の研究者たちによる、長く地道な研究の歴史がある。

　この話は、19世紀から始まる。スペインの病理学者であり、神経科学の父と称されるサンティアゴ・ラモン・イ・カハル（Santiago Ramón y Cajal）は、神経細胞だけを染色する技術を発明して、ニューロンが中枢細胞を構成する細胞であることを証明した。カハルの死後、アメリカのウォーレン・スタージス・マカロック（Warren Sturgis McCulloch）とウォルター・ピッツ（Walter J. Pitts）の研究者2人組が、生物の神経細胞をモデルとした形式ニューロンモデルを1943年に発表する。

マカロックは裕福な家庭に生まれ、大学で神経生理学を研究していた。一方、ピッツは貧しい労働者階級の家庭に生まれ、13歳のときには路上生活者となっていた。マカロックより25歳も年下だったピッツは、不良から逃げるために図書館に籠って3巻からなる数学の教科書を読み漁っていた。そして、その教科書に誤りがあることに気がつき、執筆者に手紙で指摘すると大学の研究者になるよう誘われる。その申し出を断ったピッツは、10代後半になりマカロックと出会い、共同研究を始めるのだ。2人の共同論文では、ニューロンは「論理ユニット」であり、そのユニットで構成されるネットワークは、どんな演算でも可能だと主張していた。この研究が人工知能を進めるきっかけとなる。さらにカナダの心理学者ヘッブは、2つのニューロンが同時に発火すると、その結合が強化される「ヘッブの法則」を発表する。

人工知能の父ミンスキーと高校の同級生だったフランク・ローゼンブラットは、あらゆる分野に博識博学の実験心理学博士だった。このローゼンブラットがハードウェアでニューロンの結合重みを学習で決めるパーセプトロンを1958年に発表すると、最初の人工知能ブームが起きる。しかし、89ページでも紹介したが、当時の人工知能研究の主流派だったミンスキーと、10年間の論争も始まる。そして単純なパーセプトロンでは線形分離不可能なパターンを識別できないことをミンスキーが証明すると、この人工知能ブームは一気に終息してしまう。追い打ちをかけるように、ローゼンブラットに悲劇が襲った。論争に終止符がついた2年後、43歳の誕生日の日、バージニア州の湾でボートに乗っていたローゼンブラットは事故で亡くなってしまったのだ。ニューラルネットワークは守護神を失い、その後10年間沈黙してしまう。

1980年に入り、NHKの技術研究所の福島邦彦らが、脳の視覚野をモデルにネオコグニトロンを発表する。こ

ニューラルネットワークの歴史

第1期
1943：形式ニューロン
1958：パーセプトロン

第2期
1980：ネオコグニトロン
1982：ホップフィールドネットワーク
1986：誤差逆伝播法
1989：畳み込みニューラルネットワーク

第3期
1997：LSTMの発表
2006：ディープニューラルネットワーク
2007：NVIDIA GPGPU用フレームワークCUDA1.0
2012：画像認識コンテスト（ILSVRC2012）でCNNが圧勝
2015：Deep Q-Network
2016：DeepMind AlphaGo の出現

のネオコグニトロンは、現代のCNNのアイデアにつながる素晴らしい画像認識性能を示した。1982年になるとアメリカの物理学者ホップフィールドが、新しい相互結合型の多層ニューラルネットワークであるホップフィールドネットワークを発表する。この連想記憶モデルとなるニューラルネットワークの登場で、再びニューラルネットワークが注目を浴びる。さらにラメルハートが、最も重要なアルゴリズムである「誤差逆伝播法」を発表し、さらにルカンによる畳み込みニューラルネットワークが発表されて、第2次ブームとなる。しかしこのブームも、学習に非常に時間がかかることや、SVMなど他の手法が成果を出してきたため終息してしまう。その後、ニューラルネットワークは冬の時代となるが、基礎的な研究は続けられていた。そして再びニューラルネットワークが脚光を浴びたのは、2011年の音声認識ベンチマークテストで、トップの性能を達成したとき

だった。さらに画像認識の世界的コンテストILSVRC2012で、圧倒的性能を見せつけたことから、大ブームが起きる。それまでは年に数パーセント程度しか性能改善ができなかった画像認識のエラー率を、一気に10%も改善することができたのだ。これ以降、画像認識分野ではディープラーニングが従来の手法を押しのけて主役に躍り出る。

しかし、何といっても世界中を驚かせたのは、2016年3月の事件だ。Googleの子会社となった英国DeepMind社の「AlphaGo」が、囲碁の世界王者イ・セドルに4勝1敗と圧勝したのだ。このAlphaGoの衝撃が、一般の人々にも人工知能の基本原理であるディープラーニングの言葉を広めたのだろう。

Chapter

AI技術とビジネス

我々は、脳と体のすべてのパーツを
置き換える方法を見つけるだろう ──
そうすれば、人生をこんなにも短くしている
すべての不具合を修正できる。
（マービン・ミンスキー最期のツイート）

ビジネス利用の実態とは

予測　　識別　　実行

AI技術の応用と課題

伴くん「機械学習やディープラーニングなどのAI技術は、どのような分野に利用するとよいのでしょうか？」

天馬先生「分野という意味では、ありとあらゆる分野にAI技術は利用できます。もちろん導入までのコストが高いので、初めは費用対効果が高い業務から導入していくことが大切です。しかし、対象となる業務にAI技術が利用できるかは、実験しなければわからない場合が多いので、その見極めをすることがビジネスでのノウハウとなってきます」

4-1-1 AI技術の応用先

機械学習やディープラーニングなどAI技術の応用先は、その領域で分類すると**予測**、**識別**、**実行**となります。現時点では、この中で予測が最も実用化が進んでおり、応用しやすい分野と言えます。識別は比較的専門性が高く、実行は現時点で実用化がそれほど進んでいません【4-1-1】。

その応用先ですが、大まかに分類すると、次のようになると考えられます。

● **予測**

最も実用化が進んでいる領域です。売上予測などの数値処理においては、機械学習は比較的簡単に実用化ができ、そこで必要となる大量のデータがあれば、その出力精度も高いので、現時点で最も使われている領域です。デジタルマーケティングは、企業の売上に直結するため、商品レコメンドも含め様々な技法が生み出されていますが、個人ニーズの動向を予測するのにもAI技術は用いられています。

● **識別**

近年、ディープラーニングの登場により一気にその認識精度が高まり、実用化が急速に始まったばかりの領域です。CNNを利用した画像認識が最も先行していますが、産業界では異常検知も注目されており、今後急速に進展していくことでしょう。

● **実行**

自動車の自動運転技術が、AI技術の応用として最もわかりやすいため、マスコミに頻繁に取り上げられている領域です。実際には2016年後半から、日本語のいわゆる**AI会話・チャットボット**の技術が急速に発達したので、この領域でも活発な実用化が始まると思われます。

4-1-1 機械学習（Machine Learning）の応用先

予測

数値予測
- 売上需要予測
- 与信スコアリング
- 発症リスク評価

ニーズ・意図予測
- 個人レベルの発注予測
- 関心の自動推定

マッチング
- 商品レコメンド
- 検索連動広告
- コンテンツマッチ広告

識別

情報の判断・仕分け・検索
- 言語
- 画像
- 曲の抽出・検索

音声・画像・動画の意味理解
- 感情把握
- 医療画像診断
- 顔認証

異常検知・予知
- 故障検出・予知
- 潜在顧客の発見など

実行

作業の自動化
- 自動運転車
- Q&A対応
- クレーム処理対応

表現生成
- 文章の要約
- 作成
- 翻訳
- 作曲

行動の最適化
- ゲーム攻略
- 配送経路の最適化

4-1-2 AIビジネスの特徴

それでは、ビジネスで AI 技術を用いると、どのようなメリットがあるでしょうか。その事例を紹介します。

予測

数値データをもとにした需要や売上などの予測は、機械学習が最も得意とする分野です。現状ではアナリストが過去の実績データをもとに、BI ツール※を用いて経験と勘で行う場合が多いと思います。しかし、アナリストを常駐させる必要があり、またその予測精度はアナリストの能力に大きく依存します。

機械学習の利点は、最初に適切な「予測モデル」を作成すると、その後は専門家の常駐が不要になるところです。しかもアナリストでは分析不可能な多次元変数を扱えるので、予測精度は向上して、その結果を再学習させることで、さらに予測精度を向上させることが可能となります。

ただし、教師あり機械学習の場合は、どの分野でも同じですが、その出力精度は教師データの質・量・種類に大きく依存します。教師データの中に解答がない場合は、いくら分析しても予測はできません。もっとも、これはアナリストが分析しても同じことです。

では、もう少し具体的な事例を紹介します。

※BIツール…Business Intelligenceツール。社内データを分析・加工する会計システムや販売予測システムなど。

❶店舗への来客者数の予測

一般的に小売店の来客数を予測する場合、立地、曜日や季節などのカレンダー、天候、商品特性、広告などの情報と、その情報に連動した過去の来客実績数を教師データとします。すでにBIツールなどを利用した分析を行っている場合には、整備された実績データがあると思いますので、そのまま利用可能です。

もし手元にない場合には、それらのデータを集計することから始める必要があります。最初は、入手可能なあらゆる種類のデータを集めることをおすすめします。データ整備に時間がかかりますが、来客に無関係と思われるようなデータの中に、実は大きな影響を持つものがあるケースもあるからです。最近は、SNSでの評判で来客数が大きく増減することがあります。Twitterの評判分析をすることで、来客と関連する意外な事象が見つかるかもしれません。

❷売上の予測

売上予測も、来客数の予測と同様に行えます。売上データや顧客の平均購入単価ならあると思いますので、来客数（予測数）と購買率のデータがあれば精度の良い売上予想も可能となります。ただし、この場合の予想売上は総合計です。機械学習も統計学の延長線上にあるので、ある程度の規模のデータがないと、精度が出ないのです。

このため売上規模にもよりますが、商品セグメント別なら可能でも、商品ごとの個別売上予想となると、顧客の行動分析なども含めて詳細分析をしないと、予測精度は出ません。

❸ 顧客の店舗内動線分析

小売業では、顧客が店舗内をどのように回遊するか、どの商品の前に人が集まるか、買い物の順番はどうなのかなど、顧客の動線分析に注目が集まっています。これは、品揃えや陳列棚の改善による売上アップを目的としています。

実際に顧客の店舗内での動きを分析するためには、店舗内にビデオカメラ、赤外線センサー、レーザーセンサーなどを一定期間設置して、データを収集します。そのデータを機械学習などで分析することで、商品の陳列方法などを改善します。ショッピングモールでは、この動線分析による店舗の配置転換によって売上が向上した例もあります。

❹ 工場での作業員動線分析

組み立て工場などで作業員の動きを分析することで、作業工程を効率化したり、危険エリアに入らないように通路を確保したりすることがあります。この場合、作業員にタグを付けたり、スマートフォンを持ってもらうことで、データを収集します。従来のQC活動※のように、作業員一人ごとの効率化をするだけでなく、機械学習の場合は作業員全員の総移動量を計測・分析することができるので、大きな改善効果が期待できます。

❺ ECサイトでの商品レコメンデーション

ECサイトでは、以前からWebサイトへの来訪者の行動をログから分析し、サイトデザインを改良しています。実店舗と異なり、来訪者個別のデータを取得できるので、来訪者特性に合わせたレコメンデーションやバナー広告を出すことなど、きめ細かな制御ができます。

ECサイトのこのような顧客別対応は、元々実店舗での接客術、つまり優秀な店員の顧客対応を自動化しようとしたものでした。ECサイトの手法を、今度は逆に実店舗のほうでも取り入れようとしたのが、店舗内動線分析とも言えます。

❻フライトデータと気象データから飛行機の遅延時間予測

飛行機の詳細な発着データと気象データから、飛行機の遅延時間を予想することができます。飛行航路上の気象データは公開されていますので、入手可能です。対象となる飛行場での過去のフライトデータがあれば、発着予想時刻を計算することが可能となります。

❼路線バスの遅延時間予測

路線バスは、道路の渋滞などで各バス停への到着時刻が大きく変動することが多く、サービスレベルの向上が望まれています。バスが遅延する要因としては、道路の渋滞状況以外にも、停留所での乗客の乗り降りによる停車時間などがあります。曜日と時間帯別交通量データ、これに停車時間の実績データを入手し、予測モデルを構築すれば、各停留場への到着時刻を予想することも可能となるはずです。同様なデータを用いれば、運送業におけるトラックの到着予想時刻も可能でしょう。

※QC活動…品質管理(Quality Control)に関する活動。

識別

識別とは、大量にあるデータを複数に分類し、ラベルを付与することです。対象となるデータは、数値データ以外にも画像データや文字列データがあります。人では認識できないような大量のデータや、目では識別できないような微妙な差でも、AI技術、特にディープラーニングでは簡単に識別することができます。したがって、従来にはなかったようなサービスも提供が可能となります。

❶機器異常や故障の予兆検知

工場で用いられている大型の製造設備は高価なので、稼働率を常に高くしておく必要があります。もし突然故障した場合、そのダウンタイムの長さによっては工場に大きな影響を与えてしまいます。このため一般的には予防保守として、メンテナンス時間に定期的に部品を交換しています。

しかし、機器の故障が事前に検知することが可能なら、無駄な部品交換が不要となり、交換部品の在庫管理も必要なくなり、製造コストが削減できるようになります。

このような機器故障の予兆を検知するためには、製造設備に組み込まれている電動機・モーター類の挙動データを詳細に監視していればそれが可能になります。モーターの回転軸が摩耗により重心が偏ると、振動が大きくなったり異音が生じてきます。このような振動や音を、センサーで長期間データ収集しておき、もし通常と異なるようなデータが連続して出現してきたら故障の前兆と判断します。

人では気がつかないような微妙なデータの違いでも、機械学習なら判別可能です。大型機械の故障率は低いので、長期間のデータ収集が必要となります。しかし、機器のダウンタイムによる機会損失と在庫管理費用を勘案し、費用対効果次第では検討してもよいと思います。

❷ Twitter の評判分析

ネット上で飛び交う Twitter は、今ではビジネス上無視することができません。特にマーケティング分野では、企画や集客をする際に Twitter 分析が欠かせないと思います。

このテキストデータは非構造化データであり、日常の言葉で書かれているため、分析するにはやっかいなデータです。このため 1-2 の節で説明した、自然言語処理が必要となります。一般的にはテキストマイニング用のツールを用いて、アナリストが分析しています。

この Twitter の**評判分析**（Sentiment Analysis）、つまりある商品や店舗に関して日本語でつぶやかれた Twitter を大量に収集し、その評判が良いか悪いかを機械学習で自動分析することは、簡単ではありませんが可能です。英語圏ではすでに普及している方法で、クラウド ML によってはサンプルプログラムとしても用意されています。

日本語の Twitter 分析をするには、1-2-2 の「日本語の自然言語処理」で説明したように、Twitter のテキストを形態素解析し、ベクトル化した、良い言葉と悪い言葉との類似度を計算すれば、簡易的な評判分析はできます。ただ実際には、これでは精度が悪いため、十分な数の教師データと**感情辞書**を準備し、再帰型ニューラルネット（RNN）などのアルゴリズムを用いての実験が必要でしょう。最も簡単なのは、各ベンダーが提供している API サービスを利用することです。

❸与信審査

銀行やクレジットカード会社は、新規顧客に対する入会審査や与信管理をする必要があります。従来の審査には、支払履歴や借入残高などの金融関連情報をもとに専門家が評価していました。しかし最近は、これらの情報に加えて、SNSなどの幅広い情報を収集し、人工知能によって判定できるようになってきています。

❹ソフトウェアの品質判定

ソフトウェアの品質は、静的解析ツールから出力されるメトリクスデータで数値化が可能です。この場合の「品質」とは、プログラムのソースコードの保守性・移植性のことです。ソフトウェアの品質特性全体ではなく、主に可読性が主体です。

このメトリクスデータに、すでに品質判定した結果を組み合わせて教師データとします。これを機械学習させれば、新しいソースコードの品質判定を自動で行えるようになります。

DL Talk

AIビジネスの将来は広がるはず

話によく聞くのですが、経営トップから何でもよいから AI を使ったビジネスを始めろと、現場は言われているようですよ。

商品企画部門やエンジニアが、AI ビジネスを理解できない経営陣からの無茶ぶりで困っているという話は、確かによく聞きますね。IT 企業の営業も、流行りの AI を使って課題解決してくれと、様々な企業から依頼があるとも聞いています。AI 技術は難しいというのが、大部分の人のイメージですが、それこそ何でも解決できるかもしれないという期待感も高いのでしょう。

期待が高い分、実際に成果がなかなか出ないと、AI ビジネスは尻すぼみになりませんか？

今までは、AI といってもイメージばかりが先行して、実際にその動作原理とか利用方法がエンジニアやビジネスパーソンには理解されていませんでした。このため、市場に一気に製品が登場するような事態にはまだなっていません。しかし、本書のような入門書などで、AI 技術に関する知識が学生やビジネスパーソンまで浸透し、API サービスなど簡便な利用方法が充実すれば、次第に製品やサービスが登場し、市場も拡大していくはずです。

AIは使えるのか

伴くん「ディープラーニングは、まだまだ研究途上だと聞いていますが、そんな段階でもビジネスに利用できるのでしょうか？」

天馬先生「そうですね。ディープラーニングそのものを研究しているようなGoogleやMicrosoftのようなIT企業は、すぐに自社サービスとして利用しようとしています。これはディープラーニングから利益を得ることで、ディープラーニングに対してさらに莫大な研究再投資をし、ライバル企業を突き放そうとしているからです。この研究投資サイクルによって、ディープラーニングは加速度的に進化を続けています」

ディープラーニングのビジネス

4-2-1 ディープラーニング・ビジネスの特徴

急速に発達してきたディープラーニングを、さっそく実用化させようと、現在では多くの企業が研究開発を始めています。

技術的には今まで述べてきたように、大きくはCNN（畳み込みニューラルネットワーク）系とRNN（LSTM）系の2種類で、実用化が始まっています。これ以外には、TVゲームを自動学習して有名になったDQNなどの強化学習系もありますが、実用化にはもう少し時間がかかるでしょう。

ディープラーニングの応用先としては、画像認識・音声認識などのパターン認識系、最も応用範囲が広がるであろう自然言語処理系、自動運転車を代表とする操作系が考えられます。ただしここでは、実用化がすでに進んでいるビッグデータ解析などの「統計的数値処理」は、機械学習の分野と考えています。なお自然言語処理系については、次節で述べます。

❶ **パターン認識**
パターン認識の分野は今まで人間しか行えない領域でしたが、前述したようにCNNは画像認識精度ですでに人間を凌駕しています。このためこの領域では、顔認証・防犯・入国管理・医用画像診断など、様々な応用が検討されています。また、画像に対して脚注を自動的に付与する技術も開発されており、新しいビジネスも考えられています。

産業界での応用先として、最も市場規模の大きい分野は自動車業界だと思います。ドライバーレスカーを目指す完全自律運転においては、車両の周辺環境を認識する手段として、可視光カメラやミリ波レーダー、レーザー測距などからのデータがあります。これらの膨大なデータをリアルタイムで処理し、運転可能エリア、運転ルート、信号や標識、歩行者、他の自動車などの運転環境を認識・判断する必要があります。

医用画像の認識も、ディープラーニングの応用先としては活用が進んでいる分野です。医用画像はかつてのフィルムなどのアナログ画像から、すでにデジタル画像に移行しています。現在では、CTとMRIによる画像診断なくして医療は成り立たないとまで言われており、大量の医用画像のデータが収集されています。しかし、これらの医用画像から悪性腫瘍を判別できる医師の数が少なく、社会問題になっています。この問題を解決する手段として、ディープラーニングによる医用画像のガン検出が期待されています。

音声認識も、近年急速にその認識精度が向上して、その活用が一気に進んでいる領域です。代表的なのは、Apple社の「Siri」、Google社の「Google Assistant」、NTTドコモ社の「しゃべってコンシェル」など、スマートフォンに搭載されている音声アシスタントです。また、「Amazon Echo」を代表とするスマートスピーカーは、世界的に大ヒットしました。これらの製品は、ディープラーニングの登場による音声認識精度の大幅な性能向上がなければ、実現できませんでした。

❷操作系

操作系の分野ですが、やはりここも巨大産業である自動車ビジネスの分野が最も注目されています。自動運転の技術開発は、トヨタや日産などの大手自動車メーカーはもちろん、Googleから分社化したWaymoや、AppleなどのIT企業、テスラ・モーターズなどの新興自動車メーカー、UberやLyftなどのライドシェアリング企業など、多様な分野の企業が、すでに巨額の開発投資をしています。このペースで開発が進めば、段階を経ながら、自動運転は数年で実用化が始まり、普及も急速に進んでいく勢いです。ドライバーレスカーにまで到達するには、法整備などが必要になりますが、今の自動車メーカーの勢力図は大きく変動していくことでしょう。

また金融分野では、顧客の資産管理を人工知能が自動運用するサービス、ロボアドバイザーも登場しています。ロボアドバイザーは資金を投資家から預かり、その資産状況や嗜好などを踏まえて適切な株式投資や投資信託を選定し、アドバイスや運用を行います。

これ以外にも産業用ロボット・建築用ロボット・農業用ロボット・医療用ロボットなどでも、ディープラーニングの高精度な物体認識を利用した様々な開発が進んでいます。たとえば、配送センターでのピッキングロボットなどは、かなり実用化が進んでいます。コストが合えば、ここでの作業員も不要になることでしょう。宅配用の小型配送ロボットも、技術的には実用化目前ですが、法整備が追い付いていない状況です。

DL Talk

" 元気な企業だけがAIを使いこなせる "

このようなディープラーニングの製品やサービスへの応用は、研究資金の豊富な大企業でなければできないのでしょうか？

そんなことはありません。日本の大企業は概して古い体質の企業が多く、若いエンジニアに権限がありません。このためユニークな発想を持っていても実現させてくれなかったり、承認されるまで長期間かかることがよくあります。今ではOSSだけで実用的な開発環境が整えられるので、ベンチャー企業のようなフットワークの軽い企業のほうが、ビジネスへの応用は早いかもしれません。

エンジニアの給与は、外資系IT企業のほうがはるかに高額なので、僕はベンチャー企業だけでなく外資系IT企業も就職先の候補にしています。

日本の大企業は、従業員の給与体系を崩せないので、優秀な若者に高額な給与を払えません。このため最新技術を習得している優秀な学生ほど、外資系企業を選んでいるようです。日本のIT企業がアメリカや中国と比較して地盤沈下を起こしているのは、こんなところにも理由があるのでしょう。

Chapter 4-3 AIは言葉を理解できるか

自然言語処理のビジネス

愛さん「天馬先生、iPhone の Siri が登場したとき、初めてコンピューターと会話ができたので驚きました」

天馬先生「2012年に、日本でも Siri がサービスを開始したときは、評判になりましたね。Siri はジョブズが深く関わった最後のプロジェクトだったので、親しみやすい話し方にしたりテキスト入力機能を外すなど、徹底的に使い勝手のよさを追求したと言われています。Siri は当時の最先端の軍事技術をベースにしたものですが、多くの言語に対応したので世界的な評判になりました」

4-3-1 チャットボット・ビジネス

自然言語処理の分野は、ニューラルネットワークの進展とは別に、長い研究の歴史があります。日本語においては、前述したようにかな漢字変換や形態素解析という独自の技術もあります。2016年頃から、日本でも**チャットボット**とかAI会話と呼ばれるサービスが続々と登場してきました。

これは、英語と比べて遅れていた日本語の自然言語処理が、形態素解析から構文解析、意味解析、文脈解析にまでやっと到達した成果です。チャットボットはこの自然言語処理の成果を応用し、ユーザーとある程度会話ができるようになったのです。つまりユーザーが入力した質問文の意味を解釈して、適切な回答をある程度できるようになりました。ただ、会話を生成することは2017年の時点でできておらず、準備した回答を選択しているだけです。

もっとも市場には、意味解析ができないチャットボットも多く、入力された文章の中から用意してあるキーワードを検出し、IF文で分岐して回答文を選んで表示するだけというサービスも非常に多いのが実態です。

最近、ディープラーニング、特にLSTMが注目されることにより、従来の自然言語処理とは異なるアプローチ方法が可能となってきています。このLSTMの成果によって自然言語による自動応答、会話生成が十分可能となりつつあります。

これらのチャットボットの登場によって、最初は文章入力による高度なQA（質問と返答）システムからサービス提供され、さらに音声認識も加わると、人間のオペレーターによるヘルプデスク業務は、急速に自動応答に置き換わっていくと考えられます。

その他の自然言語処理サービス

英語圏では、長文の要約サービスが数年前から本格的に実用化されていますが、日本語の要約エンジンはなかなか登場しませんでした。しかし2017年の6月に、何ページもある日本語の長文を、指定した文字数に要約できるサービスが発表されました。この要約エンジンの原理は最近、自然言語処理分野でブームになっている**Word2Vec**です。これは、単語をベクトル化して表現する定量化の手法で、日常的に使う日本語の語彙数は数万から数十万と言われていますが、これを各単語200次元くらいのベクトルとして表現する手法です。これをさらに改良したのが**Doc2Vec**で、このDoc2Vecを利用すると、文章同士をベクトルとして計算することができ、類似度の比較が可能になります。

このような手法を、ニューラルネットワークの分野では**分散表現（Word Embeddings）**と呼んでいます。英語圏では2014年頃から流行していましたが、日本語でもこの技術を利用し、長文の要約を実現できるようになりました。まだ実際にサービスが開始されてはいませんが、どのようなビジネスモデルになるか注目されます。機械翻訳も2016年後半から、急速にその翻訳精度が向上してきました。Googleが先鞭を付けたディープラーニングを利用した機械翻訳技術は、従来の機械翻訳精度をはるかに凌駕してしまいました。しかも短文での機械翻訳サービスを無料で提供したので、従来からある有料の機械翻訳サービスは駆逐されてしまいそうです。

2017年6月末には、TOEIC900点程度の和文英訳が瞬時に行える日本製の機械翻訳エンジンが登場しています。まだ発表だけなので、ビジネスモデルや価格などは不明ですが、翻訳業界には大きな影響が生じるでしょう。このように文章の自動要約や意味抽出、自動生成まで進んでいくと、人間の事務職の相当数は、ディープラーニングの技術で置き換えが可能と考えられます。これを、人間は単純なルーチンワークから解放されると考えるか、職場がなくなると考えるのかは、その人の能力次第なのかもしれません。

DL Talk

> ## チューリング・テストはもう突破できるか

リアルタイムの機械翻訳サービスが登場したら、英語を勉強する必要もなくなりますね。

旅行先の国の人と話すだけなら、多くの言葉を翻訳してくれる機械翻訳サービスが便利だと思います。しかし、英語は事実上の世界共通語となっています。今後は、ビジネスでも生活でもますます外国人とコミュニケーションをしていくことが増えていきます。英語を話せないビジネスパーソンは、多くの機会を逃すことになると思いますよ。

天馬先生、チャットボットも急速に普及が始まっていますね。

そうですね。アメリカや中国などでは、チャットの相手が人間だと思っていたらAIだったというレベルにまで達しています。この講義の冒頭でチューリング・テストの話をしましたが、現実の話になりつつあります。最新のスマートスピーカーの音声認識技術は実用化レベルに達しましたが、未だに一問一答しかできません。自然な発話を自動作成することは非常に困難なため、会話できるというレベルに達するには、もう少し時間がかかるでしょう。

Chapter 4-4 AIビジネスは成り立つのか

AI技術の
ビジネス課題

伴くん「学生なのでよくわからないのですが、AIビジネスに参入しようとする企業には、どんな課題がありますか？」

天馬先生「もちろん企業によって、その体質や状況が異なるので一概には言えません。しかし、AIビジネスはまったく新しいビジネスなので、どこの企業も、定番の手法というものがないという状況から始める必要があることは確かです」

4-4-1 機械学習のビジネス課題

今まで述べてきたように、AIブームの到来とともにAIビジネスの市場が急速に立ち上がってきています。しかし、現時点においてもAI技術のビジネスへの応用は、ベンダーもユーザーも手探りの状況です。AIビジネスは期待ばかりが先行しており、未だに汎用的なビジネスモデルは確立していません。

これは逆の視点からみると、これを克服し先行して市場を押さえることができれば、その分野におけるトップランナーになることも可能ということです。しかし当然ですが、乗り越えなければならない、いくつかの高い壁があります。

機械学習のジレンマ

機械学習の分野には、No Free Lunch定理という有名な定理があります。これは、どんな問題やどんなデータに対しても、最高の精度を出せる万能なアルゴリズムは存在しないという定理です。つまり、対象となる問題の構造が不明の場合には、様々なアルゴリズムで実際に実験する必要があるのです。

4-4-1　機械学習におけるビジネス課題

コンサルティング工程（費用負担？）

業務理解 課題把握 → 技術検証 → コスト効果検証 → 商用利用開始

初期費用問題

顧客の課題を機械学習やディープラーニングなど AI 技術で解決可能かは、事前に詳細検討が必要です。この検討を行うためには、まず顧客が保有している現場のデータを確認する必要があります。課題を解決できるようなデータを、顧客が大量に保有しているのか、それを現実に入手できるのかが、最初の現実的な問題です。もしない場合には、新規にデータを収集することから始めなければなりません。

次に、入手したデータから顧客課題を解決するための**モデル**をつくる必要があります。様々なアルゴリズムで試行錯誤しながら、技術検証をして解決モデルをつくります。技術検証した結果、AI 技術では顧客課題を解決できない、という結論になる場合も十分あり得ます。

この技術検証の費用やコンサルティング費用を誰が負担するのかといった、**初期費用問題**は、ベンダーにとってどうしても避けられない問題となります。そして技術検証の結果、顧客の課題が解決可能と判断された場合、どのような手段で実現するかも重要です。機械学習は、学習していくことで精度が向上していきます。継続的に実行するシステムを構築し、維持しなければなりません。その場合の費用を算出して、やっと商業利用時での見積金額が提示できます【4-4-1】。

費用対効果の検証

これらのコンサルティング工程は、見積金額を提示するのに必要な工程です。たとえ顧客の課題解決が可能だとしても、次に解決コストの費用対効果を、顧客が受け入れるかどうかが問題となります。機械学習の導入により、トータル 1,000 万円のコストダウンが見込まれたとしても、そのシステム維持費用が年間 500 万円だとしたら顧客には受け入れられないでしょう。大手の IT ベンダーなら、ある程度までは営業費用として負担が可能なのかもしれません。

4-4-2 AI時代のビジネスの進め方

ベンダーによるソリューション提供

それでは、これらの問題に対してどのように対処すればよいでしょうか。IT業界はここ数十年の間、顧客課題をITで解決するために、様々なソリューションを考案し確立してきました。ただビジネス用途の場合、基本的にハードウェアであるコンピューターと、そこで稼働するパッケージソフト、もしくは独自開発したソフトウェアを提供することに変わりはありません。もちろんハードウェア環境は、PCがサーバーとなり、データセンターに移りクラウドへと変貌しています。ソフトウェアは、エクセルやSAPのようなパッケージソフトもありますが、ERPのような基幹系ソフトでは、企業独自の商習慣に合わせてカスタマイズされたソフトウェアが、日本では未だに主流となっています。そしてこの独自ソフトウェアの開発方法は、仕様が明確なら昔ながらのウォーターフォール型、不明確なら流行りのアジャイル型と、ある程度確立しています。

AIビジネスは手探り状況

ところがAI技術の場合では、つい数年前までは研究室レベルの話だったため、ビジネスで利用可能なのは、いわば裸のアルゴリズムのレベルです。一般的に普及している多種多様なソフトウェアの中にも、様々なアルゴリズムが使われていますが、ユーザーからは見えず、意識する必要はありません。これは長い間にアルゴリズムの利用方法が確立し、ソフトウェアのライブラリに組み込まれ、プログラマーも使い方を熟知しているからです。しかしAI技術の場合、アルゴリズムそのものはある程度確立してきましたが、ビジネスでの利用方法は手探りの状況です。プログラマーは、この見慣れないアルゴリズムの特徴を、まだ十分把握できていません。このため、ユーザーに裸のアルゴリズムそのものを提示し、ビジネス用途に利用可能かを検証してもらうしかないのです。

ファーストユーザー問題

従来も、まったく新しいソフトウェアを発売する場合、ファーストユーザー問題がありました。日本の企業、特に大企業では、実績や安全性を重視するために、

ファーストユーザーとなることを嫌います。バグのないソフトウェアは存在しないため、ファーストユーザーになると、長期間デバッグに付き合わされると考えるからです。しかし、次のように考えることもできます。「もしそのソフトウェアが、同業他社より優位に立てるほど画期的なら、先行導入した企業が、その分野での先行者利益を独占して享受できる。だが様子見して実績が出てからの導入だと、他社と競争優位に立てないため**機会損失**が生じてしまう」という考え方です。アメリカの企業に多い経営方針ですが、この場合は当然ソフトウェアの完成度が低くリスクもあります。今までは、このようなことをITベンダーの営業に言われても、いつもの営業トークと聞き流してきたと思います。しかしAI技術は、従来の技術では実現不可能だったことも成し遂げられる、従来と一線を画す技術です。このため、先行して上手くこの技術をビジネスに応用できれば、一気にライバルを引き離せる可能性を秘めています。だからこそ、世界中で一斉にAI技術のビジネス応用が始まったのです。

先駆者となる

AIビジネスにおける「初期費用問題」は、ハイリスクハイリターンを狙うか、ローリスクローリターンにするか、の経営判断とも言えます。つまりユーザーが初期費用に投資して先行者利益を期待し、ベンダーがビジネスへの応用経験を積んで大量販売可能なパッケージ化の可能性を探ることは、リスクはありますが、それ以上のハイリターンも狙えるのです。AIソリューションを提供しようという先進ベンダーは、現在において経験値がまだまだ少ないと思われます。しかし、今後複数の案件を手掛けるにしたがって、AI技術に向いた案件や不向きな案件の目途が立ってくるはずです。そして、次第にソリューション提案までの生産性が上がるにつれて、顧客へのサービス提供価格も下げられるようになります。もちろん競合他社が少なければ、先行者利益の確保のために、簡単には値下げはしないでしょう。もしくはパッケージ化して、一気に薄利多売で市場を押さえにくるベンダーが出てくる可能性も考えられます。こうなると、AIの技術は次第に当たり前の技術となり、先行者利益も急速に消えていくかもしれません。

DL Talk

> 目指せ
> AIエンジニア

天馬先生、私も AI エンジニアになりたいと考えています。どうすればよいでしょうか？

今は、AI エンジニアが非常に貴重な存在となっています。機械学習やディープラーニングのしくみを理解している学生やエンジニアは非常に少ないので、どこの企業も AI を勉強している人、特に実際に実装までできる人なら、すぐにでも採用してもらえるはずです。

IT ベンダーが提供している API を使えば、簡単に AI サービスがつくれますよ。

API をコールするだけなら、ソフトウェア・エンジニアなら誰でもできます。しかし API の中身、つまりアルゴリズムの意味や動きを理解しているエンジニアになると少数派です。できることなら Python や R のライブラリで機械学習を試してデータサイエンティストを目指したり、クラウド ML で腕試ししたり、Chainer や Tensor Flow のフレームワークでディープラーニングを勉強したらどうでしょうか。貴重な存在になれるはずです。

Chapter 4-5 AIは人類の敵か味方か

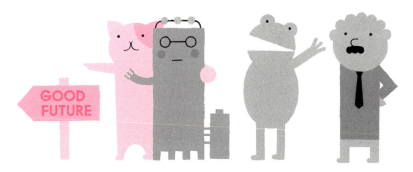

AIが与える社会的影響

伴くん「AIが社会に浸透すると、仕事がなくなってしまうのでしょうか？」

天馬先生「今ある仕事に影響は避けられないと思います。文明が発達すると、時代に取り残された仕事は次第に消えていきます。しかし、その新しいテクノロジーは新しい仕事も生み出します。今の子供に将来やりたい仕事を聞くと、ユーチューバーがトップクラスにランキングされる時代なのです」

4-5-1 AIは雇用を奪うか

AI技術の産業への応用の話は、失業問題とセットで議論されてしまうことが多いと思います。AI技術だけに限った話ではありませんが、今までにも技術の進歩により、様々な職種が消えていったことは事実です。

古くは産業革命以降、機関車や自動車の登場により、荷車や馬車が大量に余り、馬車を操る御者も不要になりました。電灯やガス灯の普及により、欧州では大勢の煙突掃除人の仕事もなくなりました。工場もオートメーション化が進み、工場労働者も大幅に減ってきています。

AI技術が進展すると、今度は肉体労働だけではなく、ホワイトカラーの雇用も脅かされると心配するのは当然のことだと思います。実際問題として、現在最も開発投資がなされている自動車やトラックなどの自動運転・ドライバーレスカーが実現すると、トラックやタクシーのドライバーは真っ先に影響を受けるはずです。それでは、AI技術は雇用を奪うだけなのでしょうか。歴史を振り返ってみると、産業革命は農業などの一次産業の効率化を促し、製造業などの二次産業を拡大させ、大きく雇用を移しました。やがて技術革新が進み工場のオートメーション化が進むと、大量の商品が流通して、商業などの三次産業に雇用の中心が移ってきました。そしてAI技術は、現在の最大雇用者である三次産業の効率化を、推し進めようとしています。この確実にやってくる業務の効率化を、労働時間の短縮化につなげるのか、それとも労働者を減らすのかは、その企業の経営者の判断次第です。目先の利益だけを追求するような経営者が多いと、失業者が増えて購買力が落ち、結局製品が売れなくなり、経済は失速するでしょう。

労働時間を減らして雇用を維持し、余暇時間を増やして需要を喚起すれば、経済は活発化するはずです。そうすれば企業の売上も維持できると、私は考えています。

DL Talk

人類の未来はAIが握るのか

天馬先生、これでAI講座もおしまいですね。今後AIはどんどん進化していって、やがて人間を凌駕してしまい、人間を滅ぼす恐れはないでしょうか？

その問題に対する答えは誰にもできないはずです。それでも日本の人工知能学会は、2017年2月に倫理指針を発表して、AIの暴走に歯止めをかけようとしています。あくまで科学者やエンジニアの良心を、信じるしかないのです。

映画「ターミネーター」では、スカイネットが人類を滅ぼそうとしていましたね。

アメリカのAI研究には、多額の軍事予算が投入されていることも事実です。ドローン兵器は、すでに実戦で使用されています。そこにAIを搭載したロボット兵器の登場は時間の問題でしょう。人類に対する脅威という意味では、核兵器も同様ですが、それでも発射ボタンを押すのは人間でした。AIを搭載して自ら攻撃の判断を行う自律型ロボット兵器が登場したら、真の脅威になってしまうでしょう。そのため世界の科学者たちは、その歯止めをするために積極的な活動をしているのです。

AI Story

AIの未来とは

Alan Curtis Kay
（1940- ）

現在、人工知能とかAIと呼ばれている研究分野の中心には、ディープラーニングがある。本書では、このディープラーニングのしくみについて、その概要を説明してきた。しかしAI研究において、ディープラーニングは一つの技術でしかない。AIすなわち「人工的な知能」とは、人間の持つ知能を人工的につくり上げようという試みだ。チューリングやミンスキーも夢見てきた、人工的な知能の実現は、今でも精力的に研究が行われている。それどころか、ディープラーニングの大成功のおかげで、アメリカ、ヨーロッパ、中国、日本においても、政府が主導して莫大な研究費を投入し、様々な研究プロジェクトが進められている。

アメリカ国防高等研究計画局のMICrONS（Machine Intelligence from Cortical Networks）プロジェ

クトは、ニューラルネットワークはまだ脳に触発されたテクノロジーでしかなく、脳を実際に再現したものではないとし、現在のAIアルゴリズムと脳の実際のしくみや作用との差を埋めていくことを目指している。ヨーロッパのヒューマンブレインプロジェクトは、10億ドルを投入して10年間で人間の脳を完全にコンピューターでシミュレートすることを目標に掲げている。

さらに奇抜な脳科学プロジェクトもある。ロシアの大富豪の非営利プロジェクトでは、個人の人格をさらに高度で非生物的な受け皿に移し替えることを可能にし、不老不死も視野に入れた延命を実現するテクノロジーの開発を目標としているのだ。このような人間の意識をコンピューターにアップロードする研究や、マインドクローンの研究は、アメリカでも巨額の資金を集め、すでに研究が進められている。

日本では、産業技術総合研究所が「次世代人工知能・ロボット中核技術開発」の研究開発拠点となり、AI技術の産業界への応用を図っている。理化学研究所も、多くのAI研究プロジェクトを走らせている。しかし、日本のプロジェクトは概して小粒で、AIの応用が主眼だ。日本ではかつてバブルが華やかなりしころ、第五世代コンピューター開発計画という世界でも野心的なAIプロジェクトがあった。このプロジェクトの最終評価は「失敗」という結論だったが、そのチャレンジ精神は評価すべきだろう。

それでも近年の研究の急進展により、日本でも次第に汎用人工知能（AGI）の実現が、夢ではなくなってきているようだ。この汎用人工知能という言葉は、「あらゆる問題に対応できる万能な知能」という意味だ。2015年に日本で設立された汎用人工知能の構築に向けた研究者組織「全脳アーキテクチャ・イニシアティブ（WBAI）」では、「多様な問題領域において多角的な問題解決能力

を自ら獲得し、設計時の想定を超えた問題を解決できるという人工知能」と設定されている。

これは、画像認識や音声認識などのような「特化型人工知能」に対する言葉として、目標が設定されているのだ。つまりデータさえあれば、そこから自ら学習することで幅広い問題解決能力が得られる知能を目指しているのだ。

2017年10月、AlphaGoZeroは、囲碁のルールだけを教えられた後、たった3日間自己対戦をしただけで、イ・セドル九段を破った初代AlphaGoに100戦全勝した。つまり過去の棋譜を一切学ばずに、囲碁の長い歴史で生まれた定石手順を自ら発見し、さらにオリジナルの定石も生み出したのだ。この衝撃的な事実を前にすると、汎用人工知能も現実味を帯びてくる。

この「全脳アーキテクチャー」は、エンジニアリングとしての人工知能と、サイエンスとしての神経科学の両面からアプローチを行い、人間の脳を学んで脳を超える知能を獲得しようという意欲的な研究だ。そのためには、①「脳の各器官を機械学習モジュールとして開発すること」と、②「それら複数の機械学習モジュールを脳型の認知アーキテクチャー上で統合すること」の2つの研究開発が必要だとしている。

①は、大脳新皮質をモデル化したアルゴリズムであるHTM（Hierarchical Temporal Memory）などが有力視されている。そして②も、神経科学における知見の蓄積で、脳全体の結合様式が解明されつつあるという。このため、ここ数年で「全脳アーキテクチャー」という一昔前だったらSFの世界でしかなかったことが、日本でも現実の研究目標として掲げられてきているのだ。

この汎用人工知能の実現は、もちろん容易ではない。しかし、たとえ理想とする汎用人工知能に届かなくても、そこに至るまでの開発過程で生じる様々な知見やテクノロジーが、社会に対して大きなインパクトを与えることは確かだ。NPO法人であるWBAIは、2030年を目標にこの汎用人工知能の構築を目指しているという。そしてその目的として、科学技術の進展と人類のグローバル問題の解決に役立つことを挙げている。いかにも基礎研究者らしく、知的好奇心が最優先の抽象的な目的でしかないが。

AIの未来は、予想するものではない。人類がAIとはどのようなものかをイメージしたものがAIとなる。世界の研究者たちが期待しているAIが、夢見たAIが未来のAIとなるはず。たとえその先に、どんな未来が待ち構えていようともだ。未来は予想するものではなく発明するものだと言ったのは、「パーソナルコンピューター」という概念を提唱した計算機科学者アラン・カーティス・ケイ（Alan Curtis Kay）だけではないのだから。

主要クラウド企業の APIサービス

【API一覧（2018年時点）】

■ Amazon
https://aws.amazon.com/jp/amazon-ai/

Amazon Lex
スマートスピーカー Amazon Alexa と同じテクノロジーを活用して、自動音声認識と自然言語理解という高度な深層学習機能を利用でき、チャットボットを構築できる。

Amazon Polly
文章をリアルな音声に変換するサービス。20を超える言語で男性や女性の声のような自然な音声でアプリケーションを構築できる。

Amazon Rekognition
画像内の物体、シーン、顔を検出することや、画像間で顔の検索や比較を実行できる。

■ Google
https://cloud.google.com/products/machine-learning/?hl=ja

CLOUD VISION
顔検出：画像に含まれる複数の人物の顔を検出できる。感情や帽子の着用といった主要な顔の属性についても識別される。ただし、個人を特定する顔認識には対応していない。
画像属性：画像のドミナントカラーや切り抜きのヒントなど、画像の一般的な属性を検出。
ウェブ検出：類似の画像をインターネットで検索。
ラベル検出：乗り物や動物など、画像に映っている様々なカテゴリの物体を検出。
不適切なコンテンツの検出：アダルトコンテンツや暴力的コンテンツなど、画像に含まれる不適切なコンテンツを検出。
ロゴ検出：画像に含まれる一般的な商品ロゴを検出。
ランドマーク検出：画像に含まれる一般的な自然のランドマークや人工建造物を検出。
光学式文字認識（OCR）：画像内のテキストを検出、抽出。幅広い言語がサポートされており、言語の種類も自動で判別される。

CLOUD VIDEO INTELLIGENCE（ベータ版）
ラベル検出：「犬」「花」「車」などの動画内のエンティティを検出。
ショット変更の検出：動画内のシーンの変更を検出。
リージョン指定：規制遵守のため、処理が行われるリージョンを指定。

CLOUD NATURAL LANGUAGE
構文解析：トークンと文の抽出、品詞（PoS）の特定、各文の係り受け解析ツリーの作成が可能。
エンティティ分析：エンティティ（人、組織、場所、イベント、商品、メディアなど）を識別して、ラベルを付ける。
感情分析：テキストのブロック内で示されている全体的な感情を読み取ることができる。
エンティティ感情分析：テキストのブロック内にある個々のエンティティの感情を把握できる。
多言語対応：様々な言語のテキストを簡単に分析できる。英語、スペイン語、日本語、中国語（簡体字および繁体字）、フランス語、ドイツ語、イタリア語、韓国語、ポルトガル語に対応。

CLOUD SPEECH

自動音声認識：ディープラーニングのニューラルネットワーキングを利用した自動音声認識（ASR）を音声検索や文字起こしなどのアプリケーションで活用できる。

ストリーミングでの認識：ユーザーが話している途中でも、認識結果が部分的に得られれば、すぐに結果を返す。

ノイズ低減：雑音の多い音声も正常に処理できる。ノイズ除去の必要がない。

不適切なコンテンツのフィルタリング：一部の言語では、認識結果のテキストから不適切なコンテンツをフィルタリングできる。

CLOUD TRANSLATION

テキスト翻訳：Translation APIは100を超える言語と何千もの言語ペアに対応している。翻訳したいテキストをHTMLで送信すると、翻訳されたテキストをHTMLで取得できる。ソーステキストを抽出したり、翻訳されたコンテンツの構成を組み直したりする必要はない。

言語の検出：RESTful APIを使用して、ドキュメントの言語を検出し、翻訳を行う。

継続的な更新：Translation APIのバックグラウンドでは、ログ分析や人による翻訳の例から、絶えず学習が行われている。また、既存の言語ペアの改善や新しい言語ペアの追加についても、すべて追加費用なしで利用できる。

CLOUD JOBS（アルファ版）

直観的に使える仕事検索機能を提供する。求職者が何を求めているかを予測し、新しいチャンスを見出せるよう、的を絞った提案を行う。機械学習を使用して、職種とスキルの関係性、求職者の好みに最も近い職務内容、勤務地、勤続期間を学習し、関連性の高い結果や提案を提供する。

■ IBM

https://www.ibm.com/watson/jp-ja/developercloud/services-catalog.html

Conversation

Watsonでは様々なコグニティブ技術を組み合わせて、ボットの作成とトレーニングを行う。インテントとエンティティを定義し、対話を作成して会話をシミュレーションする。システムは、補足テクノロジーによりさらに洗練することが可能。システムをより人間らしくしたり、的確な応答を返す確率を上げたりできる。Watson Conversationを使用すると、様々なボットを多くのチャネルに導入できる。対象を限定した単純なボットから、より洗練された高性能の仮想エージェントまでを、モバイル・デバイス、Slackなどのメッセージング・プラットフォーム、さらには物理ロボットまでに渡って利用できる。

Visual Recognition

イメージやビデオ・フレームの内容を理解できる。イメージをサービスに送信すると、対象物、場面、環境などを表す関連種別のスコアが返される。Visual Recognitionは、イメージに含まれる対象や物体を自動的に識別して、論理的なカテゴリーに分類する。また、特定のコンテンツやカスタム・コンテンツについてVisual Recognitionをトレーニングすることも可能。

Language Translator

過去数十年にわたるIBMの研究の成果である統計的機械翻訳技術を利用して、ドメインに特化した翻訳を提供する。特定のドメインに特化した複数の翻訳モデ

ルと、特定言語のテキストに対する3つのセルフサービス・カスタマイズ・レベルがサービスで提供される（日本語対応していない）。

Natural Language Classifier
機械学習や統計アルゴリズムに関する予備知識がなくても、アプリケーションに自然言語インターフェースを作成できる。このサービスは、テキストの背後にある意図を解釈し、関連度合いを信頼度レベル付けして分類して戻す。戻り値を使って、要求を転送したり、質問に回答するなどのアクションを取ることができる。

Personality Insights
パーソナリティーの特性を抽出して分析することで、人やエンティティに関するアクション可能な洞察を引き出し、その結果エンド・ユーザーに高度にパーソナライズされた対話を可能にする。このサービスは、パーソナリティーの特性を、ビッグ・ファイブ、価値、ニーズの3つの次元に分割して出力する。

Retrieve and Rank
検索と機械学習アルゴリズムの組み合わせからデータ内のシグナルを検出し、問い合わせに対する最も関連性の高い情報を検索する。Apache Solr 上に構築されていて、開発者はデータをサービスにロードして、既知の結果にもとづいて機械学習モデルを訓練し、このモデルを活用して改善された結果を、質問や照会に応じてエンド・ユーザーに提供できる。

Tone Analyzer
言語分析を使用して、テキストから感情、性格的傾向、文体の3種類のトーンを検出する。感情としては、怒り、不安、喜び、悲しみ、嫌悪などを検出。性格的傾向については、一部の心理学者が提唱するBig5性格特性を検出。Big5とは、開放性、誠実性、外向性、協調性、情緒安定性で、文体については、確信的、分析的、あいまいなどのスタイルを検出する（日本語対応していない）。

Speech to Text
会話から文字を書き起こす。人工知能により、文法や言語構造に関する情報と音声信号の組成に関する知識を組み合わせて、正確に文字を書き起こす。複数の言語の音声が IBM の音声認識機能によってテキストに変換され、音声はわずかな遅延で書き起こされる。

Text to Speech
REST API を使用してテキスト入力から音声を合成。ブラジル・ポルトガル語、英語、フランス語、ドイツ語、イタリア語、日本語、スペイン語の各言語で男女の音声が複数利用できる。リアルタイムで合成された音声は、わずかな遅延でストリーミングされ、開発者は、特定の単語の発音を制御できる。

Document Conversion
文書を新しい形式に変換。入力はPDF、Word、HTML 文書、出力は他のWatson サービスでも使用可能なHTML 文書、テキスト文書、Answerユニット。

■ Microsoft

https://azure.microsoft.com/ja-jp/services/cognitive-services/

Computer Vision API
画像を分類するための情報を抽出する。画像内にあるビジュアルコンテンツに関する情報が返される。タグ付け、説明、ドメイン固有モデルを使用してコンテンツを特定し、確実にラベル付けする。

Emotion API
画像内のテキストの読み取り、画像からの手書き文字の読み取り、著名人およびランドマークの認識。ほぼリアルタイムでビデオ分析が可能。

Face API
関心領域を保持したまま、高品質でサイズ効率の良いサムネイルを生成できる。

Video Indexer
画像やビデオの中の人物の表情を入力として取り、Face APIを使って画像の中の顔それぞれについて一連の感情の信頼度と、顔の境界ボックスを返す。検出される感情は、怒り、軽蔑、嫌悪感、恐怖、喜び、中立、悲しみ、驚き。

Translator Speech API
顔検証：2つの顔が同一人物のものである確率を検証。検証後、2つの顔が同一人物のものである可能性の度合いを示す信頼度スコアが返される。

Speaker Recognition API
顔検出：画像内の人間の顔（複数可）を検出して、検出した顔の画像内での位置を示す顔矩形と、機械学習にもとづく顔の特徴の予測値を含む顔属性を返す。顔属性の特徴には、年齢、感情、性別、姿勢、笑顔、ひげがあり、画像内の顔ごとに27個の目印も示される。

Bing Speech API
顔識別：顔を検索して特定する。ユーザーが指定したデータから人物とグループをタグ付けし、未確認の顔と一致するものを探し出すことができる。

Translator Text API
似た顔の検索：見た目が似ている顔を簡単に検索できる。このAPIでは、顔のコレクションと新しい顔をクエリとして指定すると似た顔のコレクションが返る。

Bing Spell Check API
顔のグループ化：様々な身元不明の顔を、見た目の類似性にもとづいてグループにまとめる。

Web Language Model API
ビデオのぶれを補正。顔を検出して追跡。ビデオのサムネイルを作成。

Language Understanding Intelligent Service (LUIS)
モーション検出：静止背景のビデオで動きがあった瞬間を検出。入力されたビデオを分析して動きが検出されたフレームに関するメタデータを出力するとともに、動きのあった正確な座標を明示する。

Linguistic Analysis API
ほぼリアルタイムの分析：使用しているデバイスでビデオのフレームを抽出し、それらのフレームを好きなAPI呼び出しに送信することで、Face API、Emotion API、Computer Vision APIをビデオファイルやライブストリームですぐに使用できる。

Text Analytics API
クラウドベースの自動翻訳サービス。このAPIを使用することで、開発者は、エンドツーエンドでリアルタイムの音声翻訳を自社のアプリケーションやサービスに追加できる。

Bing Autosuggest API
話者認証：認証にご自分の音声を使う。このAPIを使用して、インテリジェントな認証ツールを含むアプリケーションを開発することができる。話者が特定のIDを主張した場合、音声を使用してこの主張を検証する。

Bing Image Search API
話者識別：話者を識別する。このAPIを使用して、不明な話者のIDを特定することができる。

QnA Maker API
音声認識：オーディオをテキストに変換。このAPIは、マイクからのリアルタイムなオーディオ認識、別のリアルタイムなオーディオソースのオーディオ認識、またはファイル内のオーディオ認識のいずれかに切り替えることができる。いずれの場合も、リアルタイムストリーミングも利用できるため、オーディオがサーバーに送信されると同時に部分認識の結果も返される。

Bing News Search API
テキストから音声へ：テキストから音声への変換アプリケーションからユーザーに"応答"し返す必要がある場合、このAPIを使用して、アプリで生成されたテキストをオーディオに変換し、それをユーザーに向けて再生できる。

Bing Video Search API
クラウドベースの機械翻訳サービスであり、世界の国内総生産の95％以上に達する国々の様々な言語をサポートしている。

Bing Web Search API
スペルミスを修正し、名前・ブランド名・スラングの違いを認識し、同音異義語を理解するのを助ける。

Bing Entity Search API
単語分割：ハッシュタグやURLの一部など、スペースを開けずに単語が並んでいる文字列にスペースを挿入する。

Academic Knowledge API
結合確率：特定の単語の並びが一緒に出現する頻度を計算する。

Knowledge Exploration Service
条件付きの確率：一連の単語を指定すると、特定の単語がどれぐらいの頻度で直後に続く傾向にあるかを計算する。

Recommendations API
次の単語候補：一連の単語の並びを指定すると、直後に続く可能性が最も高い単語の一覧を取得する。

日本企業のAPIサービス

■ NTTドコモ
https://dev.smt.docomo.ne.jp/?p=docs.api.index

画像認識
画像を送信することで、画像内の物体などを認識し、その名称などを返却することができる。カテゴリ認識では、Deep Learningの技術を用い、画像に映っているものが、指定されたモデルの中のどのカテゴリに属するのかを判定し、そのカテゴリの名称と判定の確からしさを表すスコアを返却する。

オブジェクト認識は、ユーザーまたは開発者が事前に登録した画像に対して、認識を行うことができる。認識結果として、ユーザーが登録した名称と画像認識の確からしさを表すスコアを返却する。

文字認識
画像内の文字を読み取るWeb API。対象となる画像から文字や単語を抽出し、位置座標や認識精度を示すスコアも併せて得ることができる。

発話理解
発話文をテキストでインプットすると、文脈を解析し、その意図に沿った機能名及び値を返却する。発話は話しかけるような自然な文章を入力でき、回答は機能名の他に、文章中の特徴的な単語を抽出したものを返却する。

言語解析
日本語文字列を解析する6つの機能を提供する。日本語文字列を語句に分割する「形態素解析」、文字列中の人名・地名などを抽出する「固有表現抽出」、2つの語句の表記ゆれ度を算出する「語句類似度算出」、日本語をひらがな/カタカナに変換する「ひらがな化」、複数の商品レビュー記事を要約する「商品評判要約」と、人名や地名、組織など文書を特徴づけるキーワードを抽出する「キーワード抽出」の機能が利用できる。

シナリオ対話
ユーザーの発話テキストを受け付け、その入力に対してあらかじめ設定したシナリオに沿った自然な対話を提供。

雑談対話
ユーザーのなにげない一言にバリエーション豊富な応答を返す、コンピューターと雑談を楽しむことができるAPI。雑談対話APIはユーザーのどんな発話に対しても必ず応答。対話における話題と文脈を認識し、大規模発話データから応答文を選択し発話できる。(注:インターメディアプランニング(株)の「Repl-AI」を利用)。

トレンド記事抽出
インターネット上のニュース記事やブログ記事から、独自のトレンド解析エンジンにより抽出された、注目度の高い記事の一覧を取得し提供する。

知識Q&A
質問をテキストでインプットすると、回答を返却するAPI。質問は話しかけるような自然な文章を入力でき、回答は正確な回答候補を返却する。NTTドコモが提供する音声エージェントサービス「しゃべってコンシェル」でも活用している。

音声合成
テキストを受け付け、その入力に対して自然な感じの読み上げをする(3種類ある)。

【Powered by AI】人の声で合成する技術コーパスベース音声合成方式を採用し、より人間らしく自然な音声を実現。好みに合わせて話者が選択可能。

【Powered by HOYAサービス】誰でも簡単に音声を作成、人の声に限りなく近い圧倒的な肉声感、明瞭感を実現。感情表現として幅を持たせることが可能。サンタクロースやクマなどオリジナルのキャラクターの話者を選択可能。

【Powered by NTT-IT】「元気なお姉さん」「女の子」「お婆さん」「メイド」「癒やし系お兄さん」「執事」などの話者（声色）と口調（抑揚）を組み合わせることで、225種類もの多彩な合成音声を選択可能。読み誤りが非常に少なく、聞き心地の良い自然な音声を実現。

話す速さ、声の高さ、音量、アクセント位置、ポーズ長などを設定し自在に音声の読み上げが可能。

音声認識

音声認識APIは、端末などで入力、収集した音声のデータをテキスト化する（2種類ある）。

【Powered by NTTテクノクロス】従来のキーボードやボタンを使用してのテキスト入力ではなく、人が自然に話す音声でテキスト入力をすることができ、キーボードに不慣れなユーザーのためのサービスなどを手軽に構築できる。

【Powered by アドバンスト・メディア】HTTPで音声データをPOSTするだけで、AndroidやiOSに限らず様々なプラットフォームでの利用が可能。クライアントアプリケーションに特殊なライブラリを組み込む必要がないため、自由度の高い実装が可能。リアルタイム認識を行うタイプの音声認識と比較して、応答速度が遅いため、レスポンスが求められる用途には不向き。

■ goo
https://labs.goo.ne.jp/api/

地図API
目印となる建物を色づけや立体化でハイライトし、目的地までをわかりやすくナビゲートする地図がつくれる。

時刻情報正規化API
時刻情報正規化APIはリクエストで送られた日本語文字列と日時情報から、日付や時刻を表す表現を抜き出しその値を正規化して返却する。

キーワード抽出API
リクエストで送られたタイトルと本文からなる文書から、人名や地名、組織など文書を特徴づけるキーワードを抽出。

形態素解析API
リクエストで送られた文章、つまり日本語文字列を、形態素と呼ばれる単語単位に分割。

固有表現抽出API
リクエストで送られた日本語文字列から、人名や地名、日付表現などの固有表現を抽出。

ひらがな化API
リクエストで送られた日本語文字列を、ひらがな、もしくはカタカナによる記載に変換。

語句類似度算出API
リクエストで送られた2つのキーワードについて、その語句の発音内容を比較してその類似度を算出。

商品評判要約API
商品レビュー記事の集合から、要約に含

めるべき重要な評判情報となる部分を抽出し、それらを読みやすいように並べ直した要約文を生成する。

■ リクルートテクノロジーズ
https://a3rt.recruit-tech.co.jp/product/

Listing API
word2vec のアルゴリズムを利用して、リスト生成をするための API。ユーザーの行動ログをもとに、アイテム間の相関リストや、各ユーザーへのレコメンドリストなどを生成することができる。オンラインレコメンドや、ターゲティングメールなどに使用する。

Image Influence API
CNN で画像の "影響度" を測り、多くの人に注目されやすい画像の判別に利用する。画像と画像に対応する点数を用意すると、未知の画像が自分好みかどうかを点数で把握できるモデルが作成可能。

Text Classification API
CNN で文章をあらかじめ与えられたラベルに自動的に分類する。たとえば、ポジティブなことを言っている文章かネガティブなことを言っている文章かを自動的に分類することが可能。

Text Suggest API
LSTM で文章の自動生成および入力補助を実現する。膨大な原稿を学習することで、その中の文章の言い回しや表現を機械が学習し、ユーザーが入力した単語や文章の後に続く文章を生成する機能を提供。

Proofreading API
LSTM で、大量の日本語文章データから正しい文章の構成や文法、単語の流れを学習し、異常検知的に誤字脱字を発見する。たとえば、"経験や視覚を活かせる職場です" という文章に対して "経験や《視覚》を活かせる職場です" という形で不自然な箇所を指摘し、その怪しさ度を返す。また、文章として書き換えたほうがよさそうな単語も検知できる。

Talk API
Chatbot 用に LSTM で入力文から応答文を生成して日常会話応答を提供する。例えば運用している Web サイトで API を呼び出し、サイト上でユーザーとの会話を可能にする。さらにユーザーとの会話を学習していくことでより賢く、より自然な会話を実現できる。

Image Generate API
DCGAN を用いてオリジナルの画像を生成する API。このモデルでは、すでに自動生成された画像を合成し、新しい画像をつくることができる。作成した画像を評価することで、画像の生成に反映させることができる。

Image Search API
画像とテキストの相互検索 API。マルチモーダル Deep Learning という技術により画像とテキストの関係を学習することで、テキストから画像を検索したり、画像からテキストを検索したりといったことが可能となる。

■ 富士通

http://www.fujitsu.com/jp/solutions/business-technology/ai/ai-zinrai/

画像認識

画像分類機能：入力画像に映っている物体を分類するための機能を提供。分類結果は画像種別および確度のリストとして出力される。

シーン分類機能：入力画像に映っている情景から場所を分類するための機能を提供。分類結果はシーン種別および確度のリストとして出力される。

物体認識機能：入力画像に映っている複数の物体を認識するための機能を提供。認識結果は物体種別、確度および物体が映っている座標のリストとして出力される。

手書文字認識

日本語の手書き文字画像に対して、入力画像が何の文字を表すか認識するための機能を提供。認識結果は文字種別および確度のリストとして出力する。

音声テキスト化

入力した音声データに対して音声テキスト化を実行するための機能を提供。音声を入力する。

音声合成

音声合成機能：入力されたテキストに対して、音声合成を実行するための機能を提供。テキスト入力、言語設定（日本語男声2種、日本語女声2種、英語女声1種から設定）および出力フォーマット指定（WAV形式、PCM形式、MP3形式から指定）を行うと、合成音のバイナリデータとして出力される。

音声一覧取得機能：音声合成可能な声の条件（男性/女性、日本語/英語）のリストを取得するための機能を提供する。

辞書管理機能：テキストから音声データへの変換時に参照する辞書情報を、参照・追加・削除するための機能を提供する。

知識情報構造化

テキスト群を構造化するための機能を提供する。テキストからコンセプトワードを抽出して各テキスト間の近さを計測することで、構造化を行うことができる。

検索対象文書管理機能：構造化して検索するテキストを登録・参照・削除するための機能を提供。

知識構造作成・管理機能：登録されたテキスト群から学習済みモデル（知識構造化データ）を作成し、作成した知識構造化データを取得・削除する機能を提供。

知識情報検索

登録された学習済みモデル（知識構造化データ）から、入力されたキーワードに紐づいた情報を検索するための機能を提供。

検索対象知識構造管理機能：検索対象となる知識構造化データおよびテキストのタイトルを、登録・参照・削除するための機能を提供。

検索機能：入力されたキーワードに紐づいた情報と、登録されたテキストに紐づいた情報を検索するための機能を提供。

予測

学習機能：学習用データの中から最大5年分を対象とし、予測を行うための学習済みモデル（予測モデル）を作成する機能を提供。

予測機能：学習機能によって作成された予測モデルを使って予測を行う機能を提供。登録する予測データのうち、最も古い日付から最大1年分の予測結果出力が可能。

専門分野別意味検索

文書の特徴を表す複数のキーワードをコンセプトワードとして、抽出／構造化した学習済みモデル（知識構造化データ）を用いた、文書の検索および検索対象の文書データの管理機能を提供。検索対象分野における文書の用語を学習するための学習用データ（検索対象外の文書データ）、および検索対象の文書データから知識構造化データを作成する。知識構造化データは、コンセプトワードを抽出して各テキスト間の近さを計測することで作成する。

検索対象文書管理機能：構造化して検索する文書データを登録・参照・削除するための機能を提供。

知識構造作成機能：登録された文書データから検索するための知識構造化データを作成する機能を提供。

検索機能：入力されたキーワードに紐づいた情報と指定した文書データに紐づいた情報を検索するための機能を提供。

需要予測

店舗などで販売する商品の需要を予測するための機能を提供。登録された過去のデータをもとに、商品の販売数の予測値を算出することができる。

管理機能：店舗、商品および店舗と商品に紐づくデータを管理するための機能を提供。

学習機能：管理機能によって登録された学習用データの中から最大5年分を対象とし、予測を行うための学習済みモデル（売上予測モデル）を作成する機能を提供する。

予測機能：学習機能によって作成された売上予測モデルを使って、予測を行う機能を提供。登録する予測データのうち、最も小さな日付から最大1年分の予測結果出力が可能。

FAQ検索

入力した問い合わせ文に関連した回答内容を、検索するための機能を提供。検索履歴はログデータとして当社環境内に蓄積され、検索精度の変更に使用することができる。

検索機能：問い合わせ文（自然文）に対し、確度の高い順に回答内容の一覧を表示する機能を提供。

詳細取得機能：検索機能で得られた個々の回答内容について、詳細な情報を取得する機能を提供。

フィードバック機能：検索結果に対するフィードバック情報を登録するための機能を提供。

対話型 Bot for FAQ

入力した問い合わせ文に対して、関連する情報の提供を促す返答を対話形式で提供し、そこでの情報のやりとりを踏まえて、入力された問い合わせ文に関連した回答内容を検索するための機能を提供。対話形式での情報のやり取りは対話履歴として当社環境内に蓄積され、対話制御機能の変更に使用することができる。

対話制御機能：対話形式で情報のやり取りを繰り返し、それを踏まえた回答内容を検索する機能を提供。

履歴抽出機能：過去の対話履歴を検索する機能を提供。

さくいん

A
ALTERA社…115
Amazon ML…10, 22, 140
AmazonML…105
API…105, 118
APIサービス…117, 118, 160
Apple…10, 42, 141

B
Bag-of-Words…50
Bag-of-Features…50, 52
BIツール…130

C
Caffe…110
Chainer…110
CNN…52, 63, 139
CNTK…111

D
DNN…45, 52
Doc2Vec…145
DQN…139

E
ECサイト…20, 132

F
FPGA…114

G
GAN…79, 80, 82
goo…119
Google…119, 138
GPU…108, 110, 114

H
Hash Table…36

I
IBM…96, 161
IBM Watson…105
ImageNet…113
iPhone…143

K
K-means法…18

L
LSTM…76, 144
Lyft…141

M
MeCab…34
Microsoft…119, 138
MIT Places…113
MS AzureML…100, 105

N
N-gram処理…28, 36
No Free Lunch定理…148
NTTドコモ…119, 140, 165
NVIDIA社…114

O
OSS…34, 94, 104, 110

P
Pylearn2…111

Q
QC活動…132

R
ReLu（ランプ）関数…58
ReNom…112
RNN…73, 74, 76, 139
ROC曲線…103

S
Siri…140, 143
SNS…131, 136

T
TensorFlow…110

	TF-IDF処理…28, 30, 36
	Torch…94, 111
	Turing, Alan Mathieson…39
	Twitter…131, 135
U	Uber…141
V	VAE…80
W	Waymo…141
	Web API…118
	Word2Vec…145

あ	アイテムベースレコメンデーション…20
	アルゴリズム…15, 16, 24, 48, 80, 94
	意味解析…32, 144
	医用画像診断…139
	エッジ…56, 57
	音声認識…74, 139, 140, 144
か	回帰…14, 17, 22
	過学習…24, 70, 103, 113
	係り受け構造…32
	学習済みモデル…48
	画像識別器…50, 68
	画像生成…79, 80

画像特徴点…50, 52

画像特徴量…50

画像認識…50, 52, 68, 113, 139

活性化関数…57, 58, 68

かな漢字変換…13, 32, 144

カハル、サンティアゴ・ラモン・イ…121

感情辞書…135

記憶セル…77

機械学習…13, 45, 48, 99

機械翻訳…32, 36, 145

気象データ…133

教師データ…15, 46, 48, 60

偽陽性率…103

協調フィルタリング…20, 22

局所性…64

クラウドAI…100

クラウドML…94, 96, 100, 104

クラウドベンダー…117, 118, 119

クラスタリング…18, 22

クラス分類…16, 22

クリーニング処理…36

ケイ、アラン・カーティス…159

計算環境…96

形態素解析…32, 34, 135, 144

決定木…16, 22

検索エンジン…32

勾配降下法…61

コサイン類似度…19

誤差逆伝播法…60, 74

さ 再帰型ニューラルネット…135

閾値…17, 58

識別…128, 134

識別器…82

シグモイド関数…58

自然言語処理…27, 28, 135,143

実行…128

シナプス…56, 58

重回帰分析…15, 22

出力ゲート…77

消費電力…114

情報圧縮…22

情報科学…96

初期費用問題…149, 151

自立語…31

深層学習…45, 46

真陽性率…103

正解率…70, 103

生成器…82

生成モデル…80

線形回帰…14

た 多クラス分類…16

多層パーセプトロン…60, 82

畳み込み処理…64, 68

畳み込み層…64

畳み込みニューラルネットワーク…64

単回帰分析…15, 22

チャットボット…128, 144

チューニング…48

チューリング、アラン・マシスン…39

ディープニューラルネットワーク
　　…45, 52

ディープラーニング
　　…45, 48, 55, 107, 138

データ拡張…113

データクレンジング…102

適合率…103

テスラ・モーターズ…141

手続き型プログラム…48

動線分析…132

特徴ハッシュ…36

特徴ベクトル…50

特徴マップ…52, 64, 66, 68

特徴量…28, 36, 48, 60

特徴量の抽出…48

トップランナー…148

ドライバーレスカー…140, 154

ドロップアウト…71

ドロップコネクト…71

な 入国管理…139

ニューラルネットワーク
　…46, 52, 56, 107, 121

入力ゲート…77

入力判断ゲート…77

ニューロン…52, 56

ネオコグニトロン…63

ノード…56, 57, 58, 71

は パターン認識…63, 139

バックプロパゲーション…60

パラメータ…24, 48, 103

ビッグデータ…48, 96

評価関数…84

費用対効果…149

評判分析…135

品質判定…136

品詞付与…34

ファーストユーザー問題…150

プーリング処理…64, 66

プーリング層…64, 66

福島邦彦…63

付属語…31

フライトデータ…133

フレームワーク…107, 108, 110

プログラム…48

分散表現…145

文章ベクトル…31, 36

文脈解析…32, 144

平行移動不変性…64

ベンダー…99, 148

忘却ゲート…77

防犯…139

ホールドアウト法…25, 103

ま ミニバッチ学習…61

ミンスキー、マービン…87

メトリクスデータ…136

や ユークリッド距離…18

ユーザー…22, 148

ユーザーベースレコメンデーション…21

ユーチューバー…153

与信審査…136

予測…128, 130

予兆検知…134

ら レコメンデーション…20, 22, 132

連想配列…36

ロジスティック回帰…17, 22

路線バス…133

ロボアドバイザー…141

参考文献

『AI白書2017』情報処理推進機構AI白書編集委員会編、角川アスキー総合研究所、2017年
『イラストで学ぶディープラーニング』山下隆義、講談社、2016年
『初めてのディープラーニング』武井宏将、リックテレコム、2016年
『自然言語処理の基本と技術』奥野陽ほか、翔泳社、2016年
『Pythonで体験する深層学習』浅川伸一、コロナ社、2016年
『クラウドではじめる機械学習』脇森浩志ほか、リックテレコム、2015年
『Chainerで学ぶディープラーニング入門』島田直希ほか、技術評論社、2017年
『Rではじめる機械学習』長橋賢吾、インプレス、2017年
『戦略的データサイエンス入門』Foster Provostほか、オライリージャパン、2014年
『データサイエンティスト養成読本 機械学習入門編』比戸将平ほか、技術評論社、2015年
『データサイエンティスト養成読本 登竜門編』髙橋淳一ほか、技術評論社、2017年
『シンキング・マシン 人工知能の脅威』ルーク・ドーメル、エムディエヌコーポレーション、2017年
『心をもつ機械 ミンスキーと人工知能』J. バーンスタイン、岩波書店、1987年

著者略歴	谷田部卓　やたべ・たかし
	1957年、栃木県生まれ、神奈川県在住。1980年、国立宇都宮大学工学部電子工学科卒業。製版機メーカー、精密機器メーカーを経て、大手ソフトウェア会社に入社。Webサービスの企画開発、ITコンサルティング業務に長年にわたり従事。機械学習の調査検討を進め、新規サービスの企画設計開発を担当。機械学習の社内講師を務めた後、退職。現在、自営業として主に人工知能に関するITコンサルティング及びデータサイエンティスト業務に従事している。著書に電子書籍「ビジネスで使う機械学習　Kindle版」「よくわかるディープラーニングの仕組み　Kindle版」がある。
イラスト・カバーデザイン	小林大吾（安田タイル工業）
紙面デザイン	阿部泰之
制　作	ジーグレイプ

やさしく知りたい先端科学シリーズ2

ディープラーニング

2018年3月20日　第1版第1刷発行

著　者	谷田部卓
発行者	矢部敬一
発行所	株式会社 創元社
本　社	〒541-0047 大阪市中央区淡路町4-3-6 電話 06-6231-9010（代）
東京支店	〒101-0051 東京都千代田区神田神保町1-2 田辺ビル 電話 03-6811-0662（代）
ホームページ	http://www.sogensha.co.jp/
印　刷	図書印刷

本書を無断で複写・複製することを禁じます。乱丁・落丁本はお取り替えいたします。
定価はカバーに表示してあります。
©2018 Takashi Yatabe　Printed in Japan
ISBN978-4-422-40034-1 C0340

JCOPY〈出版者著作権管理機構 委託出版物〉
本書の無断複写は著作権法上での例外を除き禁じられています。
複写される場合は、そのつど事前に、出版者著作権管理機構（電話 03-3513-6969、FAX 03-3513-6979、e-mail: info@jcopy.or.jp）の許諾を得てください。

好評既刊

やさしく知りたい先端科学シリーズ1
ベイズ統計学
松原望著

最もやさしく、わかりやすいベイズ統計のしくみ
人文・社会科学から自然科学まで多分野に対応した基本理論と実例をイラスト図解。

18世紀に生まれたベイズ統計学は、あらゆるものを数値化できる実用性が見直され、近年注目を浴びている。統計学は数学が苦手では理解できないものとされ、実際に計算する際は確かにそうであるが、基本のしくみを知るだけでも有益で人を選ばない。本書では理論や計算を最大限イラスト化し、日常生活に即した親しみやすい実例を挙げ、やさしく解説する。話題の先端科学に触れたいという知的好奇心に応えるイラスト図解シリーズ第1弾。

A5判・並製、176ページ、定価（本体1800円＋税）　ISBN978-4-422-40033-4 C0340